陕西省煤炭资源煤质特征与清洁利用评价

魏云迅 等 著

科 学 出 版 社

北 京

内 容 简 介

本书以煤田地质学理论为指导，根据现代煤化工企业对煤质技术指标的要求，综合陕西省近年来新的地质资料成果和本次采样试验数据，以国家规划矿区为主要目标，对陕西省焦化、液化、气化等特殊用煤的资源分布特征进行了系统分析，总结了陕西省彬长、神府、府谷、榆神、吴堡、永陇、旬耀、黄陵、榆横、古城十大国家规划矿区煤岩、煤质特征及特殊用煤资源，评价了陕西省液化、气化、焦化用煤资源储量及其资源潜力，研究了典型矿区特殊用煤赋存规律与控制因素，对陕西省煤炭资源的清洁高效利用具有指导意义。

本书适合煤炭地质相关专业技术人员和高等院校研究人员参考使用。

图书在版编目(CIP)数据

陕西省煤炭资源煤质特征与清洁利用评价 / 魏云迅等著. —北京：科学出版社，2024.1

ISBN 978-7-03-076832-2

Ⅰ. ①陕… Ⅱ. ①魏… Ⅲ. ①煤炭资源-煤质分析-研究-陕西 ②煤炭利用-无污染技术-研究-陕西 Ⅳ. ①TD82 ②TD849

中国国家版本馆 CIP 数据核字(2023)第 211464 号

责任编辑：吴凡洁 崔元春 / 责任校对：王萌萌
责任印制：赵 博 / 封面设计：赫 健

科学出版社 出版
北京东黄城根北街 16 号
邮政编码：100717
http://www.sciencep.com

北京华宇信诺印刷有限公司印刷
科学出版社发行 各地新华书店经销

*

2024 年 1 月第 一 版 开本：787×1092 1/16
2025 年 1 月第二次印刷 印张：10 3/4
字数：252 000

定价：98.00 元

（如有印装质量问题，我社负责调换）

本书编委会

主　　编：魏云迅

编　　委：魏云迅　李聪聪　杜芳鹏　张建强
乔军伟　尹卫军　张维生　张　才
王锋利　雒　铮　陈瑞莉　邹　艳
王新民　谭富荣　张　磊　徐楼英
陈香菱　包志洪　贺小龙

序

中国是世界上煤炭资源最丰富的国家之一，具有成煤期多、资源储量大、煤种齐全、分布广泛的特点。煤炭作为主要的化石能源，在我国国民经济建设中发挥着关键作用，一直以来都承担着“压舱石”的作用，其主体能源地位短期内不会改变。

新形势对煤炭行业提出了新要求，许多煤炭学者在洁净煤、绿色煤炭、绿色勘查、绿色开采、共探共采等方面提出了新的研究进展和思路，为积极推进煤炭资源从燃料向燃料与原料并重转变，促进煤炭分级分质和清洁利用及集约、高效的现代煤炭工业体系建设提供了技术保障。

目前，我国煤炭行业正处于深化供给侧结构性改革、推动需求侧变革和促进高质量发展的转型时期，切实抓好煤炭兜底保障和做好煤炭与煤电、煤制油、煤制气等相关产业协调发展工作迫在眉睫，意义重大。煤地质学是一个古老而又崭新的学科。创新和发展都离不开煤地质学和煤炭地质工作，而煤岩煤质和煤炭的清洁利用研究又是煤炭地质工作非常重要的内容，起到了溯本求源、刨根问底的重要作用。广大煤炭地质工作者要以习近平生态文明思想为指导，转变思想，将“绿色”始终贯穿于新时代的煤炭勘查、开发、利用、闭坑全过程，从传统的煤田勘查领域向为煤炭资源全生命周期提供地质技术保障迈进，实现产业转型升级与可持续发展。同时，也要加大煤炭资源绿色勘查、绿色开发、清洁利用、恢复绿色等技术的创新力度，不断提高技术方法精度和工程实践广度。

该书从煤地质学出发，系统分析了陕西省主要矿区的煤岩、煤质及煤相特征，评价了其液化、气化、焦化用煤资源潜力，研究了典型矿区特殊用煤赋存规律与控制因素，思路和技术路线清晰，理论和方法体系完整，相信一定会为煤地质学研究、煤炭地质勘查和煤炭资源的清洁利用提供思路，为实现陕西省煤炭行业高质量发展做出积极贡献。

中国煤炭地质总局党委委员、副局长

2023 年 8 月

前言

煤炭是我国第一大能源，是能源安全的基石，在我国国民经济建设中发挥着关键作用。多年来，煤炭开采与使用过程中的污染问题饱受诟病，导致人们“谈煤色变”、去煤化呼声强烈。不过，我国“富煤、贫油、少气”的能源资源禀赋特点及新能源技术应用现状决定了我国在未来相当长时间内，能源消费仍将不得不严重依赖煤炭，这也是立足国内优势资源、保障能源安全的必然选择，因此，大力推进煤炭的清洁、合理、高效开发利用显得尤为重要。《全国矿产资源规划(2016—2020年)》明确指出：“积极推进煤炭资源从燃料向燃料与原料并重转变，促进煤炭分级分质和清洁利用。”《煤炭工业发展“十三五”规划》也为建设集约、安全、高效、绿色的现代煤炭工业体系描绘出了宏伟蓝图。近年来，在多方共同努力下，我国煤炭清洁利用技术与产业化已取得重大突破，居国际先进水平。

为大力推进煤炭的清洁、合理、高效开发利用，积极推进煤炭资源从燃料向燃料与原料并重转变，摸清优质液化用煤、气化用煤和焦化用煤等煤制油气用煤的资源家底，中国煤炭地质总局于2016～2018年开展了由中国地质调查局“新能源矿产调查工程”资助的“特殊用煤资源潜力调查评价”项目，在系统梳理全国煤炭资源潜力的基础上，研究了我国液化用煤、气化用煤和焦化用煤等煤制油气用煤的形成条件和分布规律，掌握了我国煤制油气用煤的资源状况，为煤炭资源的清洁化利用提供了资源保障；以煤质特征为基础研究了煤制油气用煤煤质指标体系，评价了重点矿区煤制油气用煤资源潜力，为促进煤制油气用煤资源高效合理利用提供了科学依据；同时，开展了煤制油气用煤科普宣传，跟踪了解了最新煤炭资源勘查开发动态，提出了可持续发展战略与政策建议，为管理部门制定煤制油气用煤开发利用规划提供了技术支持。

2016年，“特殊用煤资源潜力调查评价”项目分别在晋、陕、蒙三个煤炭资源大省(自治区)开展了先期试点工作，“陕西省特殊用煤资源潜力调查评价”课题研究工作正式启动。“陕西省煤炭资源煤质特征与清洁利用评价”课题依托“陕西省特殊用煤资源潜力调查评价”项目开展研究工作，在分析已有煤田地质资料和本次采样试验数据的基础上，以“特殊用煤资源潜力调查评价”项目建立的煤岩煤质评价指标体系为指导，总结了陕西省彬长、神府、府谷、榆神、吴堡、永陇、旬耀、黄陵、榆横、古城十大国家规划矿区煤岩煤质特征及特殊用煤资源，评价了各矿区煤炭清洁利用方向及资源潜力，基本摸清了陕西省液化、气化、焦化用煤的分布特征及赋存规律，为“特殊用煤资源潜力调查评价”项目开展提供了有效示范，为陕西省煤炭清洁高效利用提供了地质基础保障。

本书由魏云迅任主编，主要撰写人员为魏云迅、李聪聪、杜芳鹏、张建强、乔军伟、尹卫军、张维生、张才、王锋利、雒铮、陈瑞莉、邹艳、王新民、谭富荣、张磊、徐楼英、陈香菱、包志洪、贺小龙。李聪聪、尹卫军、张才、徐楼英、邹艳负责第一章的撰写，魏云迅、杜芳鹏、张建强、张维生、王锋利负责第二章的撰写，魏云迅、杜芳鹏、张建强、李聪聪、乔军伟、雒铮、陈瑞莉、邹艳、王新民、谭富荣、张磊、徐楼英、陈香菱、包志洪、贺小龙负责第三章的撰写，魏云迅、杜芳鹏、张建强、李聪聪、张维生负责第四章的撰写，魏云迅、李聪聪、尹卫军、张才负责第五章的撰写，魏云迅、杜芳鹏、张建强、王锋利负责第六章的撰写。全书由魏云迅统稿。

本书在编写过程中得到了中国煤炭地质总局潘树仁教授级高级工程师、李正越教授级高级工程师、杨光辉教授级高级工程师，中国矿业大学姜波教授、郭英海教授、汪吉林教授，中国矿业大学(北京)曹代勇教授和中国煤炭地质总局勘查研究总院宁树正教授级高级工程师的指导，在此对其表示最诚挚的感谢。同时，对在研究工作和采样工作中给予帮助和支持的专家、领导和技术人员一并表示感谢。

限于作者水平和条件，书中难免存在不足之处，引述他人资料和观点也不乏疏漏，恳请读者批评、指正。

作　者

2022 年 12 月

目录

第一章

绪　　论

煤炭是我国第一大能源，是能源安全的基石，在我国国民经济建设中发挥着关键作用，其主要能源地位短期内不会改变。解决煤炭开采、利用过程中引发的环境污染问题一直是煤炭可持续发展的重大需求所在，煤炭高效清洁利用是解决这一需求的有效途径。而煤炭大规模气化、液化是煤炭高效清洁利用的重点研究方向，是我国能源工业可持续发展的关键。

截至 2018 年底，我国煤炭查明资源储量 1.71 万亿 t，同比增长 2.5%。晋、陕、蒙、新四省(自治区)煤炭查明资源储量占全国煤炭查明资源储量的 79.1%。陕西省煤炭资源丰富、煤种齐全，是我国重要的煤炭工业基地之一，全省含煤总面积约 56000km^2，约占全省土地面积的 27.7%，截至 2008 年底累计探明煤炭资源量 1815.65 亿 t，保有资源量位居全国第四。深入研究陕西省煤炭的煤质特征及液化、气化、焦化性能，探索我国煤炭资源清洁利用的调查、研究方法和技术路线，从地质角度分析煤炭的资源属性，可为煤炭工业分质分级、高效清洁利用提供技术保障。

第一节　研究区概况

一、地理位置

陕西省简称“陕”或“秦”，地处中国内陆腹地、黄河中游，位于东经 105°29′～111°15′、北纬 31°42′～39°35′。东邻山西省、河南省，西连宁夏回族自治区、甘肃省，南抵四川省、重庆市、湖北省，北接内蒙古自治区，居于连接中国东、中部地区和西北、西南的重要位置，是我国毗邻省(自治区、直辖市)最多的省份。全省南北最长为 870km，东西最长为 517.3km，土地面积约 20.56 万 km^2，占全国土地面积的 2.1%。2018 年末，全省常住人口 3864.4 万人。陕西省是中华民族及华夏文化的重要发祥地之一，有秦、汉、唐等十多个政权或朝代在陕西省建都，时间长达 1000 余年。黄帝陵、兵马俑、延安宝塔、秦岭、华山等，是中华文明、中国革命、中华地理的精神标识和自然标识。

二、交通

据《2018年陕西省国民经济和社会发展统计公报》显示，2018年陕西省全年货物运输总量17.33亿t，比上年增长6.2%；货物运输周转量4025.99亿吨公里，比上年增长7.0%。旅客运输总量7.28亿人次，比上年增长2.3%；旅客运输周转量957.71亿人公里，比上年增长5.5%。

铁路：西安铁路局管内有郑西客专、西宝客专、大西客专，还有陇海、宝成、宝中、宁西、西康、襄渝等重要干线，线路覆盖陕西全境，辐射甘肃省、宁夏回族自治区、内蒙古自治区、山西省、河南省、湖北省、四川省、重庆市8个省(自治区、直辖市)，是西北乃至全国重要客货流集散地和转运枢纽之一，在全国路网中具有重要的战略地位。

公路：全省公路基本形成了以西安为中心，四通八达的骨干网络，2018年全省公路总里程达到17.77万km，高速公路通车里程达5475km。高速公路联通98个县(市、区)，继续位居全国前列，普通公路实现县县通二级公路，建制村通达率、通畅率分别达100%、96%。

航空：陕西省境内以西安咸阳国际机场为中心，周边有安康机场、榆林机场、延安机场、汉中机场，形成了“一主四辅”的空中运输格局。西安咸阳国际机场是西北地区最大的空中交通枢纽，可起降各类飞机。2018年，西安咸阳国际机场全年完成起降航班32.97万架次，旅客吞吐量4465.37万人次，货邮吞吐量31.26万t，年旅客吞吐量排名升至全国第七位，飞出了追赶超越加速度。榆林机场、延安机场、汉中机场、安康机场均为小型机场。

三、自然地理

1. 自然地理及气候

陕西省地形总特点是南北高、中间低。北部为陕北黄土高原，南部为陕南秦岭巴山山地(简称陕南秦巴山地)，中部为西高东低的关中盆地。本书主要研究渭河以北地区，即关中盆地及陕北黄土高原地区。

陕北黄土高原是中国黄土高原的主要组成部分，海拔900～1500m。北部为毛乌素沙漠，中南部在塬、梁、峁及沟壑等黄土地形的基础上，发育有白于山、子午岭、黄龙山等中低山脉，海拔1400～1800m；高原西南缘的陇山为六盘山余脉，东与渭河盆地之“北山”相连，与秦岭山脉相对峙，海拔1200～2400m。“北山”泛指陕北黄土高原与关中盆地过渡地带的一系列山丘，如东崛山、五峰山、嵯峨山、将军山、尧山、牡丹山及高祖山等，海拔1200～1650m。水系为黄河水系，主要支流从北向南有窟野河、无定河、延河、洛河、泾河、渭河等。

陕西省为内陆省，南北狭长，兼有我国南北气候的特征。陕北北部属温带气候，陕北南部、关中盆地及秦岭南坡1000m左右以北地区属暖温带，总体属大陆季风气候。春季温暖干燥，夏季炎热多雨，秋季凉爽湿润，冬季干冷少雨。全省年平均气温5.9～15.7℃，一月平均气温为–10.2～3.5℃，极端最低气温为–32.7℃；七月平均气温最高为20.0～27.7℃(高山除外)，极端最高气温达41.0～43.4℃。全省年降水量340～1240mm，年平均降水量676mm，降水南多北少，陕南为湿润区，关中为半湿润区，陕北为半干旱区。6～9月为雨季，11月至来年3月为旱季，4～5月和10月为干湿过渡季节。省内无霜期一般在150～270d。

2. 水资源状况

陕西省横跨黄河、长江两大流域，全省多年平均降水量676.4mm，多年平均地表径流量425.8亿m^3，水资源总量445亿m^3，居全国各省(自治区、直辖市)第19位。全省人均水资源量为1280m^3，最大年水资源量可达847亿m^3，最小年水资源量只有168亿m^3，丰枯比在3.0以上。水资源时空分布严重不均，时间分布上，全省年降雨量的60%～70%集中在7～10月，往往造成汛期洪水成灾，春夏两季旱情多发；地域分布上，秦岭以南的长江流域，面积占全省的36.7%，水资源量占到全省总量的71%；秦岭以北的黄河流域，面积占全省的63.3%，水资源量仅占全省总量的29%。

四、社会经济

陕西省2019年设西安、宝鸡、咸阳、铜川、渭南、延安、榆林、汉中、安康、商洛10个省辖市和杨凌农业高新技术产业示范区；有6个县级市、71个县和30个市辖区，975个镇，21个乡，318个街道办事处。2019年末，全省常住人口3876.21万人，比上年末增加11.81万人。按城乡分，城镇人口2303.63万人，占总人口的59.43%；乡村人口1572.58万人，占总人口的40.57%。按性别分，男性2000.23万人，占总人口的51.6%；女性1875.98万人，占总人口的48.4%，性别比为106.62。按年龄分，0～14岁人口占14.65%，15～64岁人口占73.51%，65岁及以上人口占11.84%。全年出生人口40.83万人，出生率10.55‰；死亡人口24.31万人，死亡率6.28‰；自然增长率4.27‰。

陕西省地质成矿条件优越，矿产资源丰富，资源储量大，许多矿种在全国占有重要地位。陕北蕴藏优质盐、煤、石油、天然气等矿产；关中有煤、钼、金、非金属、地热等矿产；陕南有色金属、贵金属、黑色金属及各类资源丰富的非金属矿产。截至2019年底，全省已发现各类矿产138种(含亚矿种)，2015年全省已查明资源储量的矿产94种，其中能源矿产6种、黑色金属矿产5种、有色金属矿产10种、贵金属矿产2种、稀有稀土金属及稀散元素矿产10种、冶金辅助原料非金属矿产9种、化工原料非金属矿产13种、建材及其他非金属矿产37种、水气矿产2种。在占国民经济重要价值的15种重要矿产中，全省盐矿保有储量8855.3t，占全国67%，排全国第一位。石油排全国第三位，其他矿种排全国第10～19位。这些矿产中，石油、天然气、钼、金、石灰岩不仅储量可观，而且品级、质量较好，在国内市场有明显优势。已列入陕西省矿产资源储量表的矿产有87种，矿区726处。全省列入矿产资源储量表的矿产保有资源量潜在总值超过42

万亿元，约占全国的三分之一，居全国之首。探明资源储量居全国前 10 位的矿种 60 多种，资源储量居全国前列的重要矿产有：盐矿、煤、石油、天然气、金红石、钼、汞、金、水泥用石灰岩、玻璃石英岩，不但资源储量可观，而且质量较好，在国内、省内市场具有明显的优势。

1978～2015 年，陕西省经济获得高速发展。2015 年，陕西省出台实施了一系列行之有效的“稳增长”政策措施，全省经济增速逐季回升，全年经济呈现“稳中有进、稳中向好”的态势。初步核算，全年生产总值 18171.86 亿元，比上年增长 8.0%。人均生产总值 18246 元，比上年增长 15.2%。其中，第一产业增加值 1597.63 亿元，比上年增长 5.1%，占生产总值的比重为 8.8%；第二产业增加值 9360.30 亿元，比上年增长 7.3%，占 51.5%；第三产业增加值 7213.93 亿元，比上年增长 9.6%，占 39.7%。人均生产总值 48023 元，比上年增长 7.6%。

第二节　研 究 现 状

一、陕西省煤炭地质工作

1. 陕西省煤炭地质研究工作

陕西省煤炭地质研究工作起步较早，一直受到各生产、科研、教学部门的关注和重视。据研究资料记载，陕西省及周边地质工作始于 20 世纪初，王竹泉(1921～1937 年)、潘钟祥(1933～1941 年)、何春荪(1936～1948 年)等地质学家先后对陕西省及鄂尔多斯盆地周边地层、构造、古生物、石油、煤炭等地质情况进行了论述，奠定了开拓性的研究基础。研究区大量、系统的地质调查工作是在中华人民共和国成立后进行的。20 世纪下半叶，完成了陕西省 1∶20 万区域地质测量，开展了一系列煤田勘查工作，运用地震、重力、地面磁测、航测、电测深及大地电流等地球物理勘探和遥感地质调查手段，取得了珍贵的研究资料。张抗(1989 年)、冯增昭等(1990 年)、赵重远(1990 年)、李思田等(1992 年)、汤锡元和郭忠铭(1992 年)老一辈地质学家通过多年的辛劳取得了丰硕的研究成果，涉及研究区古地理类型、地层分布、古气候变迁、古植物面貌、沉积体系特点、构造背景及其基本格架等，摸清了鄂尔多斯盆地不同地史时期的基本面貌和形成机制。

20 世纪 80～90 年代，陕西省煤田地质科学研究步入了新阶段。1985～1987 年，煤炭科学研究总院西安研究院对陕北煤田早—中侏罗世含煤地层的划分对比及聚煤特征进行了研究，出版了专著《陕西北部侏罗纪含煤地层及聚煤特征》。1985～1987 年，陕西省 185 煤田地质勘探队对陕北地区延安组的沉积环境进行了分析研究，出版了专著《陕北早中侏罗世含煤岩系沉积环境》。1986～1990 年，中国地质大学对鄂尔多斯盆地东北部地区的延安组进行了层序地层和沉积体系分析，运用层序地层学理论识别和划分了延安组地层单元，对延安组沉积体系及其空间配置、聚煤演化史等进行了全面、系统的研究，出版了专著《鄂尔多斯盆地东北部层序地层及沉积体系分析》。1989～1991年，煤炭科学研究总院西安研究院对鄂尔多斯盆地的形成机制、基底与构造演化特征进行了研究，出版了专著《鄂尔多斯聚煤盆地形成与演化》。1989～1992年，煤炭科学研究总院西安研究院深入研究了西北地区侏罗纪煤的性质、煤种、煤变质作用，分析了全区煤质和煤种的分布特点，确定了煤变质作用类型，提出了大面积以深成变质作用为基础、局部叠加岩浆热变质作用的基本格局。1988～1994年，中国煤田地质总局对整个鄂尔多斯盆地的晚古生代—中生代含煤地层、构造、煤系沉积特征、煤层聚集规律、盆地形成演化等方面进行了全面、系统的总结，对盆地赋存的三期煤炭资源进行了综合评价，出版了专著《鄂尔多斯盆地聚煤规律及煤炭资源评价》，为鄂尔多斯盆地煤炭研究打下了坚实基础。1990～1994年，煤炭科学研究总院西安研究院开展了“黄陇煤田聚煤特征与资源综合评价”课题研究，对黄陇煤田的含煤地层、聚煤特征、煤相和煤的综合利用进行了系统研究，出版了专著《鄂尔多斯盆地南部早—中侏罗世聚煤特征与煤的综合利用》。2003～2005年，煤炭科学研究总院西安研究院执行国家重点基础研究发展计划(简称 973 计划)，对陕甘宁聚煤盆地的构造演化和成煤作用再次进行研究，编制了《1∶50万鄂尔多斯聚煤盆地地质构造图》。2007～2010年，陕西省煤田地质集团有限公司(原陕西省煤田地质局)、中国矿业大学(北京)承担完成了“全国煤炭资源潜力评价”(全国第四次煤炭潜力评价)项目下的“陕西省煤炭资源潜力评价”课题，系统梳理了陕西省含煤地层与煤层特征，分析总结了沉积环境、聚煤规律及控制作用、煤田构造及含煤盆地构造演化以及煤质特征和煤变质作用，跟踪了煤炭资源开发、利用现状，预测了煤炭资源潜力。

2. 陕西省煤炭地质勘查工作

陕西省作为煤炭资源大省，煤炭地质勘查工作起步早、工作程度高，是特殊用煤项目开展的理想之地。截至2015年，全省含煤面积达5.6万km^2，占陕西省面积的27.7%，其中累计探获含煤面积约3.3万km^2(勘查程度达预查以上)，其余约2.3万km^2为尚未开展地质工作的预测区，探获煤炭资源储量面积约占总含煤面积的 58.9%。含煤区主要分布在榆林、渭南、咸阳、延安、铜川、宝鸡、汉中7市，依据成煤时代划分为陕北石炭纪—二叠纪、渭北石炭纪—二叠纪、陕北三叠纪、陕北侏罗纪、黄陇侏罗纪五大煤田和陕南零星煤产地。根据第四次全国煤田预测资料，陕西省煤层埋深2000m以浅的煤炭资源蕴藏总量40749222.1万t，居全国第四位；探获煤炭资源储量18156546.1万t，居全国第四位，其中勘探资源储量6065130.1万t，详查资源储量2366242.9万t，普查资源储量3934788.9万t，预查资源储量5790384.2万t。勘探、详查、普查、预查的煤炭资源储量分别占已探获资源储量的33.4%、13.0%、21.7%、31.9%；灰分小于10%、硫分小于1%的优质煤炭资源占全国同类煤炭资源的50%左右，居全国首位。截至2008年，全省生产及在建井已利用资源储量3545691.4万t；利用资源储量占探获资源储量的19.5%，占勘探资源储量的58.5%。尚未利用资源储量14610854.7万t，占探获资源储量的80.5%。

本书是在充分分析、总结陕西省五大煤田的勘查地质资料的基础上编写的，共收集煤田地质勘查资料 198 份(表 1-1)。

表 1-1 本书研究收集地质资料情况

煤田名称	矿区名称	资料数量/份
陕北石炭纪—二叠纪煤田	府谷矿区	6
	吴堡矿区	2
	古城矿区	1
渭北石炭纪—二叠纪煤田	韩城矿区	13
	澄合矿区	14
	蒲白矿区	15
	铜川矿区	7
陕北三叠纪煤田	子长矿区	7
陕北侏罗纪煤田	榆神矿区	32
	神府矿区	25
	榆横矿区	27
黄陇侏罗纪煤田	黄陵矿区	16
	旬耀矿区	14
	彬长矿区	13
	永陇矿区	6
合计		198

二、国外煤炭清洁开发利用经验

世界工业发达国家非常重视煤炭的清洁开发利用，美、欧、日等发达国家和地区根据各自的国情纷纷制定了煤炭高效清洁利用技术研究计划，在煤炭清洁开发利用方面积累了丰富的经验。20 世纪 80 年代中期，为解决美国和加拿大周边的环境污染问题，美国率先提出发展洁净煤技术。1986 年实施了“洁净煤技术示范计划”（CCTDP），2002 年起又实施了为期 10 年的新一轮“洁净煤发电计划”（CCPI）。2015 年 8 月，美国发布“清洁电力计划”。根据该计划，2030 年美国发电厂碳排放量将在 2005 年水平上降低 32%以上。为了减少对石油的依赖和煤炭利用时造成的环境污染等问题，确保经济可持续发展，欧洲国家积极推动煤炭清洁利用技术的研究和开发。20 世纪 80 年代，欧洲共同体国家制订了“兆卡计划”，计划的实施有效促进了欧洲能源开发利用新技术的发展。目前，欧洲国家特别是德国在煤炭洗选、型煤加工、煤高效燃烧、煤转化、煤气化联合循环发电(IGCC)、烟气脱硫等方面都取得了很大的进展。2003 年 2 月，英国贸工业和贸易部发布的《我们能源的未来：创建低碳经济》的能源白皮书(简称《能源白皮书》)明确提出发展燃煤电厂的洁净煤技术。2008 年，英国提出《气候变化法案》，要求新的煤炭利用强制配套碳捕获和存储。1993 年，日本提出了“新阳光计划”，在新能源产业技术综合开发机构内成立洁净煤技术中心，全面负责日本新能源和洁净煤炭技术的规划、管理、协调和实施，燃煤发电和煤炭转化是其研究的重点。日本经济产业省曾公布了“21 世纪煤炭计划”，提出在 2030 年前分三个阶段研究开发洁净煤技术，主要有先进燃煤发电、高效燃烧、脱硫脱氮除尘、水煤浆、煤炭液化、煤炭气化和煤制化工原料等。通过这些计划的实施，日本已在流化床燃烧、IGCC、燃煤污染物控制和煤转化技术等方面取得系列研究成果。2006 年，日本出台《新国家能源战略》，提出促进煤炭气化联合发电技术、煤炭强化燃料电池联合发电技术的开发和普及。随着环境要求越来越严格，发达国家加强对洁净煤技术的研发示范投入，煤炭的洁净高效利用技术水平不断提高，SO_2、NO_x、烟尘等传统污染物的排放得到了有效控制，世界各国围绕能源开发、装备制造等领域展开竞争，重点研究 IGCC、多联产和碳捕集与封存(CCS)等技术与装备，煤炭的清洁利用及“近零排放”技术再度成为世界范围内的重要研究课题。

三、煤炭液化、气化、焦化技术研究

煤炭在经过煤化工技术加工之后可以产生多种形态的化学产品，包含有气体、液体、固体等，经过进一步的加工处理还可以生产出更多的不同产品。长期以来我国的煤炭消费集中于电力、化工、钢铁和建材四大行业，化工行业在近年来已成为煤炭消费的新增长点，煤炭的主要转化路径如图 1-1 所示。目前，我国正处于煤炭产业深化改革阶段，传统煤炭产业正在向绿色煤炭产业过渡，随着低碳化、清洁化产业技术的迅速发展，煤炭产业清洁利用在我国总煤炭利用比例中逐年增加，但传统煤电、煤化工等行业仍占据很大比重。

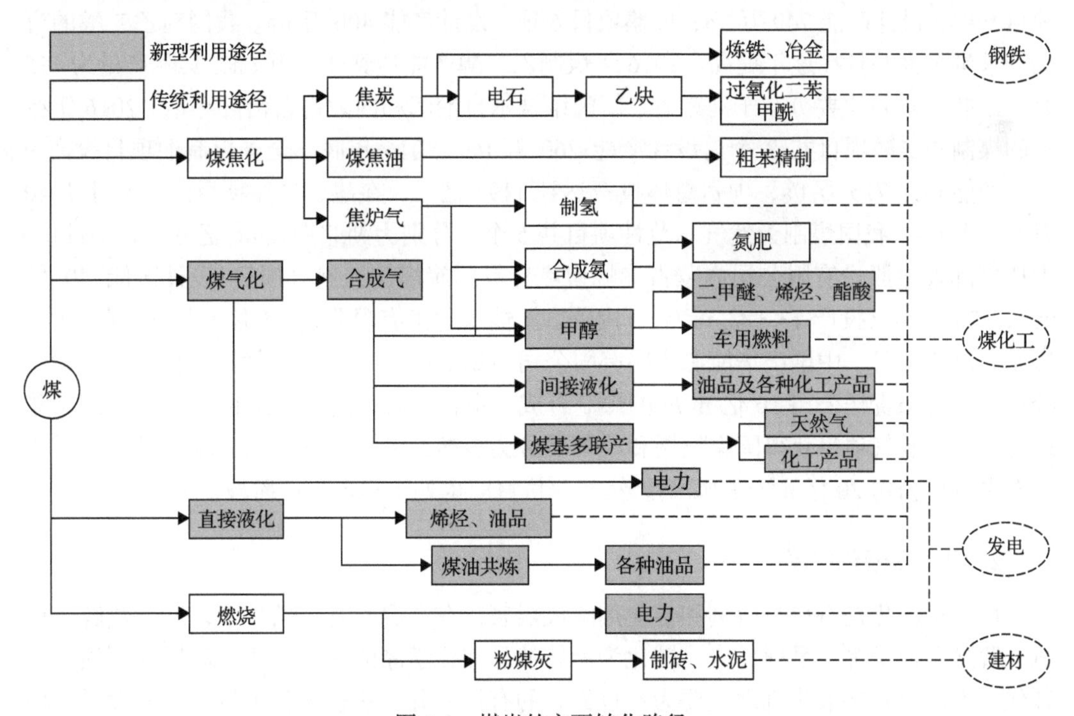

图 1-1 煤炭的主要转化路径

1. 煤气化技术

新型煤化工主要是以煤为原料合成清洁能源或者化工产品，包括煤制甲醇、烯烃、乙二醇、天然气以及油等产品。煤气化主要技术(图 1-2)，分为固定床、流化床和气流床。在我国新型煤化工产业中，煤制甲醇、煤制乙二醇的技术较为成熟，而煤制油、煤制气、煤制烯烃技术则仍处于示范阶段。

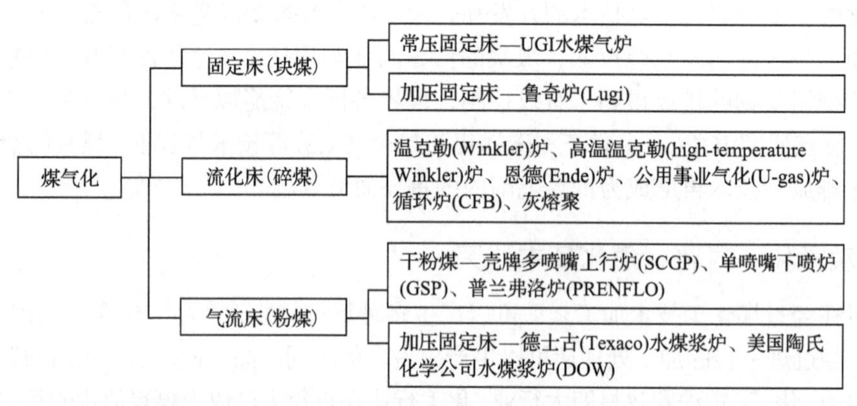

图 1-2　煤气化主要技术

目前我国已经形成了较为成熟的煤制烯烃技术，截至 2015 年底，煤制烯烃的产量达到近 600 万 t。2016 年，国内已有 9 套煤制烯烃装置投产，设计产能达 744 万 t/a；在建项目 9 项，设计产能 740 万 t/a；拟建项目 6 项，设计产能 400 万 t/a。我国对乙二醇的市场需求量很大并且在逐年提高。2016 年煤制乙二醇产能达到 212 万 t/a，实际产量为 115 万 t/a，投产项目主要分布于河南省、新疆维吾尔自治区和内蒙古自治区等地。2016 年在建的煤制乙二醇项目共 8 个，设计产能 260 万 t/a。2016 年底，全国煤制油项目投产 9 个，产能共计 715 万 t/a，项目总体投资达到 1193 亿元，在建、拟建项目产能共计 1840 万 t/a。同年，我国煤制天然气示范性项目共 5 个，分别为湖北荆州 40 亿 m^3/a 的项目、大唐国际发电股份有限公司内蒙古赤峰市克什克腾旗煤制天然气项目(设计产能 40 亿 m^3/a，2016 年已投产 13.3 亿 m^3/a)、内蒙古汇能煤化工有限公司 16 亿 m^3/a 的鄂尔多斯煤制天然气项目、中国庆华能源集团有限公司伊犁 55 亿 m^3/a 的天然气项目和内蒙古建峰煤化工有限责任公司 16 亿 m^3/a 的煤制合成气项目，总产能为 167 亿 m^3/a。后期又陆续有多个煤制气项目获得国家发展和改革委员会核准，2017 年新建的新疆伊犁新天煤化工有限责任公司 20 亿 m^3/a 的煤制天然气项目目前也处于稳定生产阶段。

2. 煤直接液化技术

煤直接液化是将煤与溶剂和催化剂配成煤浆，在高温、高压条件下，通过热解、加氢、脱除杂原子等一系列反应，转化为液体油品和化学品的一种煤清洁利用与石油应急替代技术。煤直接液化机理主要为：首先煤的有机大分子热解为分子量较大的性质不稳定的自由基碎片；其次煤自由基碎片得到活性氢稳定生成沥青质、液化油等液态烃类产物以及小分子气体，其中分子量较大的沥青质可以进一步加氢裂化生成液化油及小分子气体。煤裂解生成的自由基碎片若得不到活性氢稳定，还会缩聚为焦炭类物质。煤直接液化过程一般是在高温、高压、氢气气氛下，所以煤中S、N、O等杂原子可以较好地脱除，煤直接液化油品一般为高品质的低硫低氮清洁产品。

煤直接液化工艺过程主要包括4部分：使煤粉、溶剂、催化剂充分混合的煤浆制备单元；煤浆和氢气在直接液化反应器内高温、高压条件下进行加氢液化的液化反应单元；将液化反应器流出的固体残渣、液化油品、气体产物进行分离的产物分离单元；对液化油品进行进一步加工的稳定提质单元。

1913年弗里德里希·贝尔乌斯(Friedrich Bergius)发明了煤直接液化技术，第二次世界大战结束后，煤直接液化技术快速发展，其中德国进行了工业化，液化油产量最高达423万t/a，但其单体装置规模小，液化条件苛刻，是战争期间不计成本的工业化，并且第二次世界大战后被破坏。20世纪50年代中东、苏联等国大量开采石油，石油价格低廉，使得煤直接液化技术研发由于缺乏经济性而停顿。70年代的两次石油危机使得煤直接液化技术研究重新活跃起来，之后一些新工艺被相继开发出来。21世纪以来，中国为了缓解石油供需矛盾和能源安全潜在威胁，使得煤直接液化技术进入了工业化生产的时代。目前世界上的主要工业国家开发了许多煤直接液化工艺，主要有德国的煤液化粗油精制联合(IGOR)工艺、日本的新能源产业技术机构(NEDO)合并工艺(NEDOL)、美国的催化两段液化(HTL)工艺和中国的神华煤直接液化工艺，其中只有神华煤直接液化工艺实现了工业化。2008年底，中国神华煤制油化工有限公司采用神华煤直接液化工艺在内蒙古鄂尔多斯建立的世界上第一套煤直接液化工业装置顺利投产，并运行至今，工艺日趋完善。该工艺综合国内外煤直接液化工艺的优点，采用两个串联的带强制循环的浆态床液化反应器和自主开发的高分散纳米铁基催化剂，循环溶剂全馏分加氢处理，液化残渣采用减压蒸馏的方式进行分离，单系列处理量大，液化油收率高，工艺稳定性好，是目前世界上处于技术领先的煤直接液化工艺。

3. 煤焦化技术

煤化工生产技术中，煤的焦化是应用最早的工艺，并且至今仍是化学工业的重要组成部分。其主要目的是制取冶金用焦炭，同时副产煤气和其他化学品等；焦炭是钢铁工业的主要炭质还原剂，焦化工业的发展主要依赖于钢铁工业的发展。

焦化技术的主要发展趋势为：①通过添加助剂提高延迟焦化的液体收率。②与其他工艺集成，包括与加氢裂化、加氢处理、溶剂脱沥青、减黏裂化等工艺进行集成，或者将焦炭用于炼油厂内的热电联产装置。③改进焦化装置的安全性，主要涉及焦炭塔开盖的自动除焦技术。④改用密闭连续工艺，提高效率和产品质量。

四、陕西省煤化工研究进展

2005年科学技术部科研院所社会公益研究专项设立“液化用煤的资源分布及煤岩学

研究”课题，其中涉及陕甘宁盆地低煤级优质煤的液化性能研究、高效洁净加工利用的前沿性科学问题。

煤炭科学研究总院北京煤化学研究所对陕甘宁地区煤进行了高压釜试验研究，提出适合液化的煤种以及液化性能基础数据。中国科学院山西煤炭化学研究所也对陕西地区煤的气化、间接液化等进行了研究。神华集团有限责任公司、中国矿业大学对陕西地区水煤浆进行了研究，建立了系统的装备。另外，许多单位和专家也对陕西地区煤炭资源做了大量研究工作，有些研究成果已投入生产，服务社会。

陕西省特殊用煤资源丰富、潜力巨大，目前，已形成“煤-甲醇-烯烃-合成材料及深加工产品、煤-甲醇-醋酸-精细化工产品、煤-焦化-焦油-成品油及系列产品、煤-液化制油”4 条产业链。

兖矿陕西榆林 100 万 t/a 煤间接液化制油项目：陕西榆林 100 万 t/a 煤间接液化制油是兖矿集团有限公司(现已更名为山东能源集团有限公司)单体投资最大的项目，总投资 200 多亿元，包括 1 对年产 800 万 t 矿井和 1 个年产 110 万 t 煤制油项目，采用兖矿集团有限公司自主研发的低温费-托合成油技术和油品加工技术。项目设计年产汽油 75 万 t、柴油 25 万 t、液化石油气 8 万 t。该项目已经于 2015 年 8 月 25 日投料试车成功，成为全球首个投产运行的百万吨级煤间接液化制油项目。

延长石油榆林煤化 15 万 t/a 合成气制油示范项目：依托陕西延长石油榆林煤化有限公司，采用陕西延长石油(集团)有限责任公司与中国科学院大连化学物理研究所共同开发、具有自主知识产权的费-托合成气制油工艺技术。

第二章

地 质 背 景

陕西省煤炭资源十分丰富，分布较广，煤炭开采历史悠久，含煤地层从下古生界、上古生界到中生界均有发育，其中上古生界及中生界含煤地层分布于渭河以北地区，煤类以低变质的长焰煤、不黏煤、弱黏煤和气煤为主，肥煤、焦煤、瘦煤、贫瘦煤和贫煤次之。具有较大工业价值的地层为石炭系—二叠系太原组、二叠系山西组、三叠系瓦窑堡组和侏罗系延安组，均分布于渭河以北地区，也是特殊用煤资源的主要赋存地层。

第一节　含煤地层概况

渭河以北含煤地层主要为上石炭统一下二叠统太原组、二叠系山西组、三叠系瓦窑堡组和侏罗系延安组，以下从地层特征及含煤性方面分别对四个含煤地层进行概要叙述。

一、石炭系—二叠系太原组

1. 地层特征

陕西省太原组分布于渭河以北广大地区，地表出露于府谷及渭北一带，为灰、深灰、灰黑色砂质泥岩、泥灰岩，灰白色中-细粒砂岩、粉砂岩，黑色碳质泥岩、深灰色碳酸盐岩及煤层。厚度为2～121.3m，呈东厚西薄、北厚南薄的变化趋势，一般厚度为20～80m，泾河以西缺失，府谷、吴堡一带最厚。南部渭北石炭纪—二叠纪煤田太原组厚度为3.93～91.29m，一般厚度为30～50m；北部府谷矿区岩性以碎屑岩为主，泥岩、煤层次之，夹少量碳酸盐岩，厚度为51.23～121.3m，一般厚度约80m；吴堡矿区岩性以灰岩、泥岩为主，夹少量碎屑岩类及煤层，厚度为66.10～96.74m，一般厚度约70m。

陕西省太原组从下往上可分为三个段，分别为一段（$C_2P_1t^1$）、二段（$C_2P_1t^2$）、三段（$C_2P_1t^3$）（图2-1）：一段为中-粗粒砂岩、细粒砂岩、粉砂岩及泥岩夹煤层、灰岩及钙质泥岩，韩城一带底部常有石英砂岩或砾岩层。一般含煤1～2层，府谷、韩城一带含主要可采煤层，洛河以西缺失。渭北石炭纪—二叠纪煤田太原组一段厚度为 0～40.78m，一般厚度为 10～20m；北部的府谷矿区厚度一般为 10～20m；吴堡矿区厚度为 23.02～55.83m，平均厚度为 33.32m。二段按地层年代划分以庙沟灰岩(K_2^2)为底界，K_3 石英砂岩底为顶界，岩性以灰岩为主，夹钙质泥岩、粉砂岩、石英砂岩及薄煤 2～3 层，澄合以西以石英砂岩和泥质粉砂岩为主，夹灰岩及薄煤层。渭北石炭纪—二叠纪煤田二段厚度为 0～39.04m，一般厚度为 20m 左右；府谷矿区一带为灰岩，厚度为 10～65m，一般厚度在 30m 左右；吴堡矿区二段地层厚度为 26.04～58.15m，平均为 40.26m。三段为粉砂岩、砂质泥岩、泥岩和石英砂岩，含煤 1～3 层，吴堡、铜川一带夹薄层灰岩或泥灰岩、钙质泥岩。渭北石炭纪—二叠纪煤田三段厚度为 0～37.02m，一般厚度为 10～20m；府谷矿区三段界线不明显；吴堡矿区二段地层厚度为 0～25.15m，平均厚 5.76m。二、三段按地层年代划分在下二叠统内。

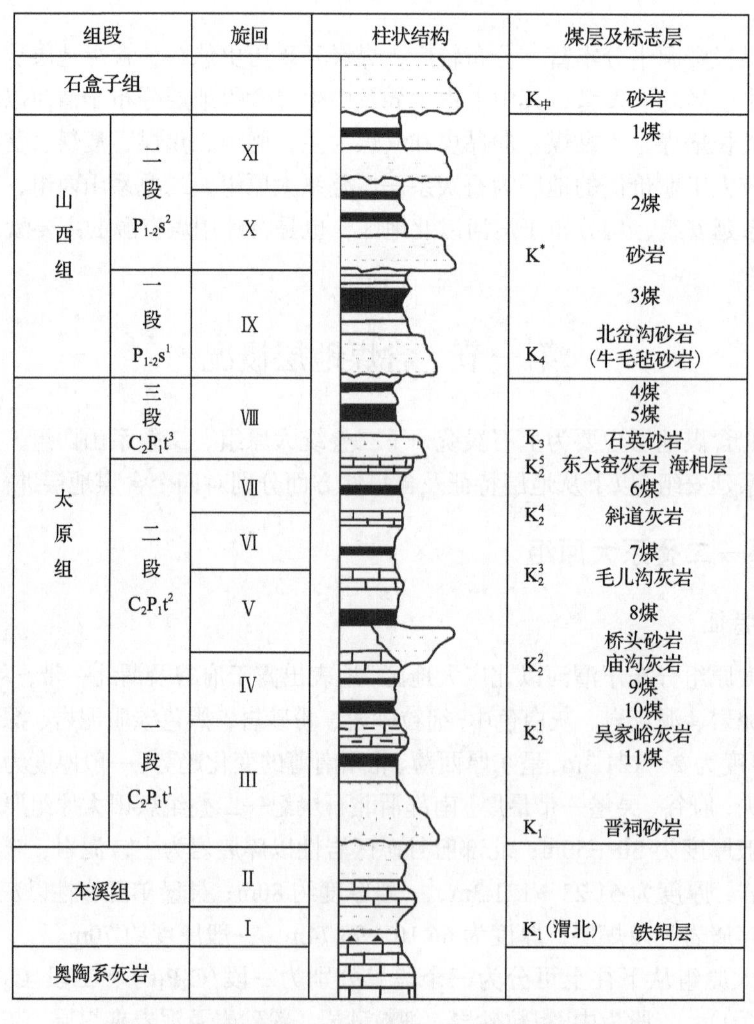

图 2-1　陕西省渭河以北晚古生代含煤地层旋回结构图

2. 含煤性

陕西省上石炭统—下二叠统太原组含煤地层煤层特征可分以下三个区叙述。

(1)陕北上石炭统—下二叠统府谷矿区太原组：含煤层 4～9 层，含可采煤层 1～6 层，自上而下编号分别为 6、7、8、9、10、11 号，煤层累加厚度 5.51～32.35m，平均值为 15.69m，含煤系数 5.5%～46.6%，平均值为 19.4%；可采煤层累加厚度 3.81～28.23m，平均值为 13.30m，平均可采含煤系数 17.4%。

(2)陕北上石炭统—下二叠统吴堡矿区太原组：含煤层 2～8 层，含可采煤层 1～3 层，自上而下编号分别为 t_3、$t_1^{上}$ 、t_1 号，煤层累加厚度 4.54～11.16m，平均值为 8.65m，含煤系数 10.9%；可采煤层累加厚度 3.51～10.37m，平均值为 7.86m，平均可采含煤系数 9.9%。太原组煤层累加厚度在该区内总体上呈现由东北部向西南部增大的趋势。

(3)渭北上石炭统—下二叠统太原组：含煤地层中由上到下共含煤 8 余层，编号分别为 4、5、6、7、8、9、10、11 号，太原组上部含煤性好。尽管该区太原组煤层层数多，但达到可采(煤层可采厚度 0.80m)及局部可采的仅有 2～4 层。可采煤层累加厚度 0.8～16.2m，平均值为 5.41m，平均含煤系数 13.5%。其可采煤层编号是：韩城矿区 5、11 号煤层；澄合矿区 4、5、11 号煤层；蒲白和铜川矿区 5、6、11 号煤层；耀州以西至口镇一带为不可采区或尖灭区。太原组地层第一段在韩城、合阳以海陆过渡相为主，泥炭沼泽发育，其他地区以滨海湖沼环境沉积为主，向北侧深部以滨海环境为主，具有成煤条件。

二、二叠系山西组

1. 地层特征

陕西省下—中二叠统山西组分布于泾河至韩城及以北广大地区，出露于府谷、吴堡及渭北等地，泾河以西缺失，为一套陆相含煤碎屑岩系。岩性为粉砂岩、中-细粒砂岩、砂质泥岩、泥岩、碳质泥岩及煤层，底部常有一石英砂层，府谷及渭北一带呈砂砾岩或砾岩，并夹砂质灰岩或泥灰岩透镜体。该组厚度 8.22～135.30m，厚度呈北厚南薄、东厚西薄变化趋势，沉积中心仍位于府谷—吴堡一带。洛河以东碎屑岩增多，吴堡一带以泥岩为主，厚度最大。南部的渭北石炭纪—二叠纪煤田山西组厚度为 8.22～135.30m，一般厚度为 40～60m；北部的府谷矿区厚度为 18.84～105.13m，平均厚度 58.57m；吴堡矿区厚度为 16.01～85.93m，平均厚度 54.84m。

2. 含煤性

(1)陕北石炭系—二叠系府谷矿区山西组：平均厚度 58.57m，含煤层 1～7 层，含可采煤层 1～3 层，自上而下编号分别为 2、3、4 号，煤层累加厚度 1.50～17.52m，平均值为 9.52m，含煤系数 2.5%～32.8%，平均值为 16.3%；可采煤层累加厚度 1.05～14.46m，平均值为 7.78m，平均可采含煤系数 13.3%。

(2)陕北石炭系—二叠系吴堡矿区山西组：平均厚度54.84m，含煤层2～8层，含可采煤层1～3层，自上而下编号分别为s_3、s_2、s_1号，煤层累加厚度2.49～8.34m，平均值为5.65m，含煤系数11.5%；可采煤层累加厚度1.63～7.96m，平均值为4.93m，平均可采含煤系数 10.0%。在矿区内山西组煤层累加厚度总体上南薄北厚，含煤率、含煤系数总体上中部及北部好于南部。

(3)渭北石炭系—二叠系山西组：含煤地层中由上到下含3层煤，从上到下编号分别为1、2、3号，其中2、3号煤层为零星及局部可采煤层，可采煤层累加厚度为3.5m左右，平均含煤率 6.86%。该组地层为海退后形成的滨海平原或三角洲沉积，铜川西部为河床沉积，不利于成煤，煤田东部韩城矿区及蒲白矿区、澄合矿区东部河沼环境发育，泥炭沼泽沉积普遍，具有良好的成煤条件。

三、上三叠统瓦窑堡组

1. 地层特征

上三叠统瓦窑堡组分布于陕西省子长、子洲、延安、富县及安塞等地，为中-细粒砂岩、粉砂质泥岩、粉砂岩、泥岩、油页岩及煤层，子长一带上部夹一层厚度为4～14m的油页岩，中下部夹薄层泥灰岩1～2层。岩性北粗南细，厚度北薄南厚，无定河以北以粗碎屑岩为主，不含煤；向南砂岩减少，粒度变细，以细粒砂岩、粉砂岩、泥岩、煤层及油页岩为主。自下而上共分为四段：第一段自瓦窑堡组底部砂岩至“姚店砂岩”(K_1)底部，由含煤的砂、泥岩构成韵律性互层，夹2～3层大于5m的中-细粒砂岩凸镜体，含薄煤、煤线及植物化石，在子长地区，该段厚度17.28～83.56m，一般厚度为48m，含煤1～13层，主要为1号煤；第二段由“姚店砂岩”底部至2号煤或含炭屑砂质泥岩层顶部，由灰白色中-细粒砂岩、深灰色粉砂岩、灰黑色砂质泥岩构成韵律性互层，富含植物化石，含煤1～8层，主要为顶部的2号煤，一般厚度为62m；第三段自2号煤顶部至3号煤底部砂岩底，主要是中-细粒砂岩、粉砂岩构成大的互层，局部地段有泥灰岩发育，夹薄煤层及煤线，含煤 1～8 层，一般 2～4 层，含黄铁矿结核及动、植物化石，一般厚度为 95m；第四段自 3 号煤层底部砂岩底至侏罗系底部富县组或延安组地层底界，为主要含煤段，由灰白、灰色中-细粒砂岩、深灰色粉砂岩、泥岩、煤层及上部的油页岩组成，其中包括主要可采的5号、3号煤层及顶部油页岩，含黄铁矿结核及动、植物化石，一般厚度为100m。

2. 含煤性

瓦窑堡组含煤层(煤线)6组共30余层，最多可达32层，可采和局部可采1～2层，具对比意义的煤层7层，编号自上而下依次为$5^{上}$、5、4、3、3^{-1}、2、1号。煤层总厚度达11m左右，子长一带含主要可采煤层，含煤系数1.67%，局部地区较高为2.53%，富煤中心在子长与蟠龙一带。

四、中侏罗统延安组

1. 地层特征

陕西省侏罗纪含煤地层主要分布于渭河以北广大地区，为中侏罗统延安组。

延安组分布于渭河以北的神木、府谷、榆林、横山、延安、黄陵、旬邑、彬州、麟游至陇县地区，属鄂尔多斯盆地，为一套陆相碎屑含煤岩系，由于其沉积范围较大，横向变化复杂，大致可以大理河及葫芦河为界分为三个区，南、北地区均为含煤区，中部地区大理河南至葫芦河北基本不含煤。

北部的陕北侏罗纪煤田延安组总厚度为172.5～400.0m，地层厚度由东向西增厚，东部神木、府谷地区小于200m，中部榆林、横山地区一般为250m，西部定边一带多在300m左右，最厚达400m。据考考乌苏沟实测剖面及众多钻孔柱状岩性组合、标志层发育特征、含煤性及古生物、孢粉化石资料及物性差异可将其分为五个或四个含煤段，岩性组合为深灰色泥岩、粉砂岩、灰色中-细粒砂岩及煤层，含丰富的植物化石及双壳类化石，中下部夹叠锥灰岩，煤层层数多，每段都含有可采煤层。

南部的黄陇侏罗纪煤田延安组厚度由东往西分别为：黄陵矿区130～190m，焦坪矿区-凤翔80～150m，普社-凤翔断裂西最厚可达280m。将葫芦河、焦坪露天矿、百子沟三条实测剖面及众多钻孔资料与陕甘宁盆地进行对比，可将延分组自下往上划分为四段。该区延安组为陆相碎屑含煤岩系，由于古地理及沉积环境的不同，在岩性组合上有所不同，北端湖相黑色泥岩发育，广阔的中南端河流相砂岩发育。

2. 含煤性

1）陕北侏罗纪煤田

陕北侏罗纪煤田位于府谷、榆林、横山、靖边、定边一带，含煤地层由东北向西南伸展，含煤面积达28285.79km^2。由北往南分别划分为神府、榆神、榆横三个矿区及靖定预测区。延安组自上而下划分五段及五个煤组，除上部第五段（J_2y^5）受上覆地层冲刷、剥蚀保存不全外，其余每段煤层均位于顶部。延安组含煤20多层，可采及局部可采煤层3～8层，自上而下编号分别为1^{-2}、2^{-2}、3^{-1}、4^{-2}、4^{-3}、5^{-1}、5^{-2}、5^{-3}号煤层，其中2^{-2}、3^{-1}、5号煤层为主采煤层，煤层厚度一般在2～5m，单层最大可达12.36m。

神府矿区位于神木、府谷境内，面积约2400km^2。延安组平均厚度为206m，中部较厚，北部薄。共含煤28层，可采及局部可采煤层有10层，其中大部可采煤层有1^{-2}、2^{-2}、3^{-1}、4^{-2}、5^{-2}号5层，局部可采煤层有$1^{-2上}$、$2^{-2上}$、$4^{-2上}$、4^{-3}、5^{-1}号5层，煤层总厚度为10～25m，含煤系数6%～13%。饽牛川两侧的煤层在沉积特征上略有差异，表现在东侧（新民区）的1、2号煤组遭受剥蚀及$4^{-2上}$煤层的分岔复合上。

榆神矿区位于神木、榆阳境内，面积约5500km^2。延安组一般厚度为250m。含煤20层，可采及局部可采8层，其中大部可采煤层有2^{-2}、3^{-1}、4^{-3}、5^{-2}、5^{-3}号5层，局部可采煤层有1^{-2}、4^{-2}、5^{-4}号3层。煤层总厚度为5.42～26.89m，一般为18m，含煤系数

6.5%～8.5%。

榆横矿区位于榆阳、横山境内，面积约 9000km^2。延安组一般厚度为 250m，按照陕西省地质矿产勘查开发局地层划分，自下而上可划分四段，其中第一、第二段与上述两矿区相同，将上述两矿区的第三、第四段合并为第三段，将第五段编为第四段。延安组含煤 9 层，自上而下编号分别为Ⅱ、Ⅲ、Ⅳ-1、Ⅳ-2、Ⅴ、Ⅵ、Ⅶ、Ⅷ、Ⅸ号，其中主采煤层为Ⅲ号煤层，次主采煤层为Ⅱ、Ⅴ、Ⅸ号，其余均为局部可采煤层，煤层总厚度为 0.91～15.73m，平均厚度为 7.98m，含煤系数 0.37%～7.82%，平均值为 3.54%。

2）黄陇侏罗纪煤田

黄陇侏罗纪煤田位于黄陵、铜川、旬邑、彬州、永寿、麟游、千阳、陇县一带，含煤地层由东北向西南延展，分布面积达 9324.75km^2，其中含煤面积 4643.93km^2。由东北往西南依次划分为黄陵、焦坪、旬耀、彬长和永陇 5 个矿区。黄陇侏罗纪煤田含煤地层延安组与陕甘宁盆地含煤地层延安组对比，自上而下划分 4 段及 4 个煤层（组），第四段仅分布在黄陵矿区北部，向南尖灭不含煤；第三段在浅部受上覆地层冲刷、剥蚀而保存不全，仅有零星分布的煤线或薄煤层；第二段以薄-中厚煤层为主；第一段发育主采煤层。与陕北侏罗纪煤田对比，第一、第二段相同，第三段与陕北侏罗纪煤田第三、第四段相同，第四段与陕北侏罗纪煤田第五段相同。延安组共含煤 3～8 层，主采煤层一层，为第一段的黄陵矿区 2 号煤层、焦坪-彬长矿区 4 号煤层、永陇矿区下（3 号）煤层；局部可采煤层为位于第二段的中（2 号）煤层（麟游—千阳）、3 号煤层（焦坪—旬耀）、4 号煤层（彬长矿区）。

第二节　主要构造特征

陕西省大地构造单元横跨华北陆块、秦祁昆造山系、西藏－三江造山系和华南陆块，大体构成“两块夹一带”的基本构造格局。渭河以北主要为中生代发育形成的北东向构造与北西向构造，其次是古生代发育并分别于印支期、燕山期形成的北东向构造与区域东西向构造带，除南部边缘外，一般地层平缓，构造简单，震旦纪后一直比较稳定。渭河以北的构造形态有利于含煤地层的形成和保存，在鄂尔多斯盆地陕西部分，分布有石炭纪—二叠纪煤田（即渭北和陕北石炭纪—二叠纪煤田）、三叠纪和侏罗纪煤田（陕北和黄陇侏罗纪煤田）（表 2-1）。

表 2-1　渭河以北赋煤构造单元划分一览表

一级	二级	三级	煤田或矿区
Ⅰ 鄂尔多斯凹陷盆地	$Ⅰ_1$ 伊陕斜坡区	$Ⅰ_1^1$ 东胜—靖边斜坡	陕北侏罗纪煤田（神府、榆神、榆横、古城矿区）
		$Ⅰ_1^2$ 延安斜坡	陕北三叠纪煤田（子长矿区）
		$Ⅰ_1^3$ 庆阳斜坡	黄陇侏罗纪煤田（黄陵矿区）
	$Ⅰ_2$ 河东褶曲带	$Ⅰ_2^1$ 准格尔—兴县段	陕北石炭纪—二叠纪煤田（府谷矿区）
		$Ⅰ_2^2$ 离石—吴堡段	陕北石炭纪—二叠纪煤田（吴堡矿区）

续表

一级	二级	三级	煤田或矿区
I 鄂尔多斯凹陷盆地	I_3西缘褶皱冲断带	I_3^1华亭—陇县段	黄陇侏罗纪煤田（永陇矿区）
	I_4渭北断隆区	I_4^1彬州—黄陵坳褶带	黄陇侏罗纪煤田（彬长、旬耀矿区）
		I_4^2铜川—韩城断褶带	渭北石炭纪—二叠纪煤田（韩城、澄合、蒲白、铜川矿区）

鄂尔多斯凹陷盆地位于鄂尔多斯古陆块东南部，东隔离石断裂与山西断块的吕梁隆起带相邻，南隔汾渭裂谷与秦祁昆造山系相接，西至六盘山弧形构造带，北止河套弧形构造带。

鄂尔多斯凹陷盆地沉积盖层构造格局的显著特点是：明显的构造变形局限于盆地边缘，盆地内部变形微弱，主体构造格局是向西倾斜的大单斜。中生代时期盆地边缘发育指向盆内的逆冲断层或逆冲推覆构造，使晚古生代含煤地层遭受变形、抬升，切割为大小不等的煤田和含煤块段。盆缘的挤压变形向盆内迅速减弱，盆内主体部分的侏罗纪含煤地层保持连续、近水平的原始产状。新生代的大地构造环境发生根本性变化，盆缘挤压构造带被伸展构造体系改造，沿盆地周缘发育新生代剪切-拉张带，构成断陷盆地与边缘隆起相邻排列的构造地貌格局。

一、陕北石炭纪—二叠纪煤田

陕北石炭纪—二叠纪煤田处于河东褶曲带的西缘。由于吕梁台背斜形成，位于背斜西部的陕北石炭纪—二叠纪煤田以东地区长期抬升，背斜的核部由古老基底岩系组成，呈北东向展布，上覆盖层则呈南北向展布，两翼古生代至中生代的一整套地层形成向西缓倾的单斜构造，主要受成煤后期构造影响。基本构造形态为一走向北北东—近南北、倾向西的平缓单斜，倾角一般为1°～5°，构造简单。

二、渭北石炭纪—二叠纪煤田

渭北石炭纪—二叠纪煤田地处鄂尔多斯凹陷盆地渭北断隆区铜川—韩城断褶带，石炭纪—二叠纪含煤地层沉积后，历经印支运动、燕山运动、喜马拉雅运动的多次构造变动，使不同方向、不同规模、不同性质、不同序次和不同时期的构造交织在一起，而渭北隆起带的隆升最终决定了煤田分布的总格局，使区内的含煤地层总体走向为北东东向及北东向、倾向北及北西、倾角5°～15°的南翘北倾的单斜构造，造成煤田南部和东部隆起，含煤地层剥蚀并埋藏变浅，同时产生一系列东西向、北东向和北北东向排列的断裂，将含煤岩系切割成一系列东西向、北东向的条块，从而构成煤田现今的南界和东南界，并使煤田南界以南未被剥蚀的含煤地层断陷并深埋地下；而煤田西北部逐渐沉降，含煤地层得以保存，埋深向西北变深，构造变动也趋于微弱。总的构造轮廓颇似一个平卧的反“S”形，区内断裂发育。

渭北石炭纪—二叠纪煤田内断裂构造较发育，且东南部较西北部发育。含煤地层沉积东厚西薄，煤层埋藏东南浅西北深，成煤后期的断裂构造发育，将含煤地层切割成条块状，不利于煤层开采。韩城大断裂控制了煤田的东南边界，断裂使其南部含煤岩系被错断且深埋，在其上部堆积了巨厚(可达 7000m)的新生界碎屑沉积物，煤炭资源无法被开发利用；断裂北部的含煤岩系埋藏变浅，甚至遭受剥蚀，暴露地表，形成的煤层露头线成为煤田东部和东南部边界。含煤岩系沉积范围控制了煤田的西部边界，煤层的埋藏深度控制了煤田的北部边界。

三、陕北侏罗纪煤田

陕北侏罗纪煤田位于伊陕斜坡区的东胜—靖边斜坡南部，构造运动相对稳定，其构造运动形式为整体差异升降运动。该区总体为走向北东、倾向北西、倾角 1°左右的单斜构造，煤田内构造简单，成煤后期构造产生的煤层露头线、火烧边界和含煤地层剥蚀边界为煤田的东南边界。

目前发现的断层有 20 余条，主要分布在神府矿区北部大柳塔井田、袁家梁勘查区、郭家湾勘查区、前石畔井田、沙梁井田和安山井田，断层呈雁行排列，为多个断层组，走向以北西西向为主，倾角在 60°～80°，断距在 20～150m，以正断层居多，形成于燕山运动后期。断层切割了含煤地层，破坏了煤层连续性，此外，生产矿井揭露的 3～5m 小断层较多，对煤矿开采有一定的影响。

四、黄陇侏罗纪煤田

黄陇侏罗纪煤田主要位于鄂尔多斯凹陷盆地渭北断隆区的彬州—黄陵拗褶带，煤田西部陇县—千阳一带跨入西缘褶皱冲断带华亭—陇县段的南部，北部黄陵矿区位于伊陕斜坡区庆阳斜坡的东缘。主要受燕山运动的改造，其次受喜马拉雅运动的改造，煤田西部呈北西向，中部呈东西向，东部以北东向构造为主，大致为一倾向北西、向东南凸出的平缓单斜构造，地层倾角一般在 10°以下，构成煤田的一级控煤构造。

该区褶皱相对断裂较发育，主要发育东西向和北北东—北东向的褶皱。东西向褶皱构成煤田的基础控煤构造，常伴以逆冲断裂出现，它们呈宽缓的背向斜构造出现，褶皱形态随地层时代渐新变缓。轴部由上三叠统地层组成，倾角平缓，但两翼较陡，倾角达 20°～70°，在侏罗系及下白垩统中，多呈宽缓状隐伏背斜，倾角一般为 5°～10°，且有北翼陡而南翼缓的特点。太峪背斜和瓦窑坪—夜虎庄背斜(二级控煤构造)最为主要，是煤田内最大的东西向背斜，它们延伸长 30km 左右，形成于印支运动期间，对延安组沉积环境有控制作用，并在后期构造运动中得到加强，从而构成矿区边界，为煤田内二级控煤构造。还有次一级(三级)及更次一级(四级)构造分布，三级构造一般延展 10～30km，四级规模更小，仅数千米，倾角多在 10°以下。北北东—北东向褶皱从南到北明显表现出组成地层由老到新，规模由大到小，褶皱由紧密到宽缓，密度由密到疏的特征，在煤田南缘皆由 T_3 地层组成较紧密的不对称褶皱，长度达 20～30km，两翼倾角在 10°以上，有的甚至达 60°～70°，并控制含煤地层沉积，组成煤田南部边界。向内由侏罗系及下白垩统组成，规模变小，地表出露长度一般为 5km 左右，幅度变缓，两翼倾角都小于 10°，更多在 5°以下，褶皱形态多为宽缓状，且以隐伏构造为主等。同时，黄陵矿区内隐伏褶皱多呈弧形、弯曲形，以缓“S”形特征为主，东西向两端为北东向，中端为北北东向，轴部有起伏；焦坪矿区呈现一向东南收敛、向北西撒开的压扭性旋卷构造，在衣食村和阳沟间，由六条隐伏弧形褶皱组成，分布长度达 18km，宽度达 7km；在煤田西侧景福山区见有一小型南北向隐伏背斜，长度为 15km，其东翼伴生一个次级向斜。

该区断裂主要由四条斜列帚状弧形断裂带组成（IIIF1 西缘断裂带、IIIF2 东缘断裂带、IIIF3 断裂带和 IIIF4 断裂带），断裂带呈现向北西收敛、向东南撒开，多为压扭性。断裂主要向北西方向延展，延展长度达 30km，倾角为 60°～80°，主要分布于煤田西端，它们对延安组分布起到控制作用，并构成煤田西界。同时，在煤田东部焦坪矿区南缘 T_3 地层中见有规模较大的北东向断裂，主要表现为弧形逆冲断层，断裂长度一般为 4～13km，走向以 N60°～70°E 为多，断距为百米左右。在马栏镇 K_1 地层中，有呈 N60°～70°E、长度为 10km 左右的张性和压性断裂，但其断距仅有 15～40m。此外尚有一些规模更小，呈北西向、北西西向和北东东向的张扭性和压扭性断裂，长度仅数百米，多分布在黄陵矿区。

总体而言，黄陇侏罗纪煤田大部分地区褶皱较发育，西部断裂带发育。受成煤后期构造运动的影响，含煤地层遭受剥蚀，延安组地层剥蚀边界和煤层露头线控制了煤田的东、南边界；西部陇县一带地处盆地西缘褶皱断冲带，断裂构造发育，以压扭性为主，形成倾向南西、向北东逆冲的断裂带，断层上盘含煤地层遭受剥蚀，下盘含煤地层得以保存，断裂带控制了煤田的西部边界。太峪背斜和瓦窑坪—夜虎庄背斜制约了侏罗系的沉积环境，背斜轴部的隆起不利于含煤地层的沉积，形成了无煤区，分别控制了黄陵矿区和彬长矿区边界。

第三章

重点矿区特殊用煤资源调查评价

陕西省的液化、气化用煤重点含煤地层为侏罗系含煤地层，所以重点矿区以侏罗系煤田为主。在充分分析已有地质资料的基础上，依据收集的资料、煤化工企业的分布、煤类及资源保有情况等条件综合考虑，选取彬长、神府和府谷为重点矿区，分别研究三个矿区的煤岩、煤质特征及特殊用煤分布情况，评价三个矿区的特殊用煤资源潜力，为其他矿区的评价工作提供方法依据。

本书以陕西省已批复的国家规划矿区为研究范围，详细分析、总结了彬长、神府、府谷、榆神、吴堡、永陇、旬耀、黄陵、榆横、古城十大矿区的基本情况，煤岩、煤质特征和清洁利用潜力，希望能够为煤炭的清洁高效利用研究方面提供地质视角的依据。

第一节 彬 长 矿 区

一、矿区概况

黄陇侏罗纪煤田彬长矿区位于陕西省咸阳市北部彬州、长武境内，矿区东西长 46km，南北宽 36.5km，面积为 978km^2，资源储量 89.8 亿 t，设计生产建设规模 5740 万 t/a。矿区划分为 13 个井田（表 3-1），分别为：高家堡井田、杨家坪井田、孟村井田、亭南井田、雅店井田、胡家河井田、小庄井田、大佛寺井田、文家坡井田、官牌井田、下沟井田、蒋家河井田、水帘洞井田。

表 3-1 彬长矿区井田概况

矿井名称	设计规模/(万 t/a)	主要煤质	备注
大佛寺井田	800	不黏煤	采样
亭南井田	300	不黏煤	
蒋家河井田	90	不黏煤	采样

续表

矿井名称	设计规模/(万 t/a)	主要煤质	备注
小庄井田	600	不黏煤	采样
官牌井田	600	不黏煤	采样
胡家河井田	500	不黏煤	采样
孟村井田	600	不黏煤	
文家坡井田	400	不黏煤	采样
雅店井田	400	不黏煤	
杨家坪井田	500	弱黏煤、不黏煤	
高家堡井田	500	不黏煤	
下沟井田	300	不黏煤	采样
水帘洞井田	150	不黏煤	采样
合计	5740		

矿区地层由老到新有：上三叠统胡家村组(T_3h)，下侏罗统富县组(J_1f)，中侏罗统延安组(J_2y)、直罗组(J_2z)、安定组(J_2a)，下白垩统宜君组(K_1y)、洛河组(K_1l)、华池组(K_1h)，新近系(N)及第四系中更新统(Q_{p2})、上更新统(Q_{p3})、全新统(Q_h)。

矿区位于鄂尔多斯盆地南部的渭北挠褶带北缘庙彬凹陷区，地表大面积被黄土层覆盖，沟谷中出露的白垩系产状较为平缓，其深部侏罗系隐伏构造总体为一走向 50°N～70°E、倾向北西—北北西向的单斜构造。其上发育一组宽缓的褶曲，自南向北依次为彬州背斜、师家店向斜、路家—小灵台背斜、孟村向斜、七里铺—西坡背斜。整体构造较为简单。

二、煤岩、煤质特征

本书收集了彬长矿区 13 个井田的钻孔煤质资料和部分勘探地质报告，采集了彬长矿区延安组主采煤层 4 号煤层的 26 件煤样样品进行工业分析、全硫($S_{t,d}$)、灰分(A_d)(表 3-2)、煤灰熔融性(ST)、哈氏可磨性指数、黏结指数(G_{RI})、热稳定性(TS_{+6})、微量元素等煤质测试分析及煤岩显微组分鉴定。

表 3-2　彬长矿区 4 号煤层工业分析及硫含量测试分析统计结果

工业分析									全硫含量/%	
原煤全水分/%	水分/%		灰分/%		挥发分/%		H/C			
	原煤	浮煤	原煤	浮煤	原煤	浮煤	原煤	浮煤	原煤	浮煤
7.63[a]	4.53	3.70	13.52	7.90	32.58	31.96	0.67	0.67	0.77	0.50
4.16～10.44[b]	1.43～8.41	1.19～8.20	3.69～36.33	3.18～33.30	18.50～41.04	23.99～37.82	0.52～0.80	0.39～0.75	0.08～3.61	0.07～2.49

a 表示平均值。

b 表示取值区间。

(一)煤质特征

1. 工业分析

(1)水分(M_{ad}):彬长矿区4号煤层原煤水分含量为1.43%～8.41%,平均值为4.53%(样品数量N=650);浮煤水分含量为1.19%～8.20%,平均值为3.70%(N=635)。

(2)灰分:彬长矿区4号煤层原煤灰分为3.69%～36.33%,平均值为13.52%(N=649);浮煤灰分为3.18%～33.30%,平均值为7.90%(N=634)。

按《煤炭质量分级 第1部分:灰分》(GB/T 15224.1—2018)中煤炭资源评价灰分分级,彬长矿区4号煤层主要为低灰煤,其次为特低灰煤,少量为中灰煤和中高灰煤,洗选后大部分灰分小于10%,以特低灰煤为主,其次为低灰煤,极少数为中灰煤(图3-1)。平面上,全区原煤灰分以低灰煤为主,仅矿区西南部杨家坪井田、大佛寺井田西部部分区域和矿区东部文家坡井田零星区域灰分达到中灰,最高出现在文家坡井田东部,达到中灰煤;总体上,原煤灰分展布特征表现为由矿区中部孟村—小庄井田向矿区外围灰分增大,由特低灰煤渐变至低灰煤、中灰煤(图3-2)。浮煤灰分与原煤灰分具有高度正相关性,因而其总体分布规律与原煤相近,但灰分总体下降明显。

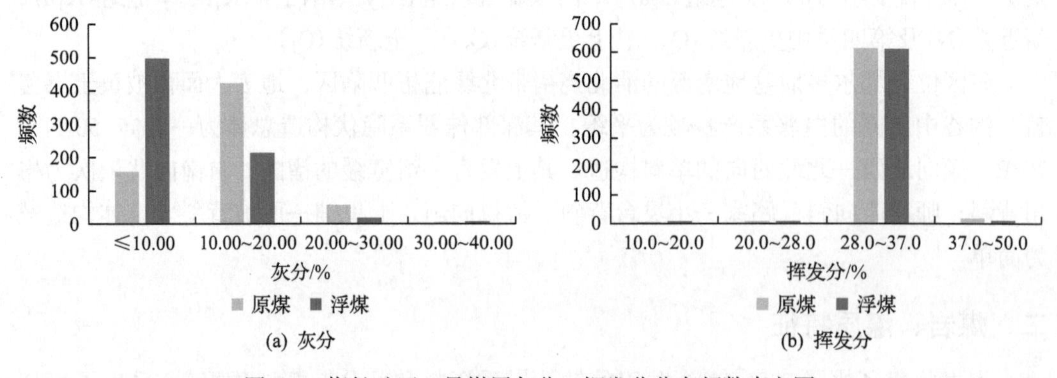

图3-1 彬长矿区4号煤层灰分、挥发分分布频数直方图

(3)挥发分(V_{daf}):彬长矿区4号煤层原煤挥发分为18.50%～41.04%,平均值为32.58%(N=650);浮煤挥发分为23.99%～37.82%,平均值为31.96%(N=634)。根据《煤的挥发分产率分级》(MT/T 849—2000),彬长矿区4号煤层原煤挥发分集中在28.0%～37.0%,为中高挥发分煤,仅极少量为高挥发分煤或中等挥发分煤;浮选后挥发分变化较小,分布范围与原煤近一致(图3-1)。平面上,矿区内大部分区域原煤的挥发分在30%～32%,变化不大,仅东部文家坡井田和西南部杨家坪井田部分区域挥发分低于30%,矿区北部雅店井田、高家堡井田和西部杨家坪井田部分区域挥发分高于33%,最高值出现在矿区西部高家堡井田与杨家坪井田界线处,为高挥发分煤。总体上,彬长矿区4号煤层原煤挥发分变化不大,但呈现出由北西向南东变小的趋势(图3-3)。

(4)氢碳原子比(H/C):彬长矿区4号煤层原煤氢碳原子比为0.52～0.80,平均值为0.67(N=275);浮煤氢碳原子比为0.39～0.75,平均值为0.67;总体上以0.65～0.70为中

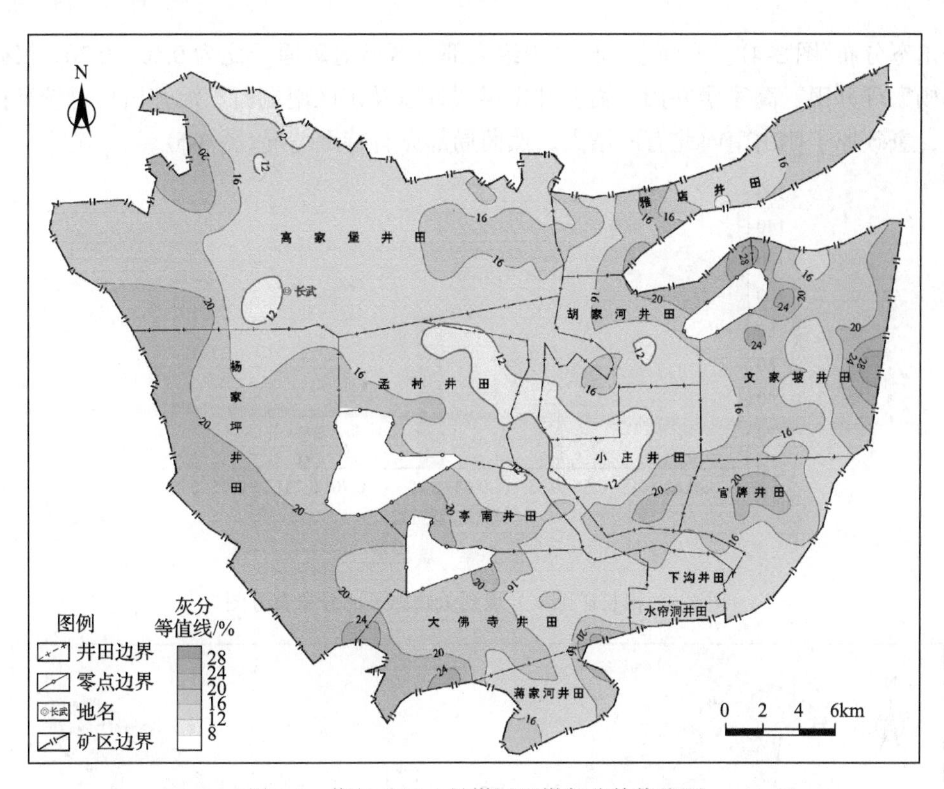

图 3-2　彬长矿区 4 号煤层原煤灰分等值线图

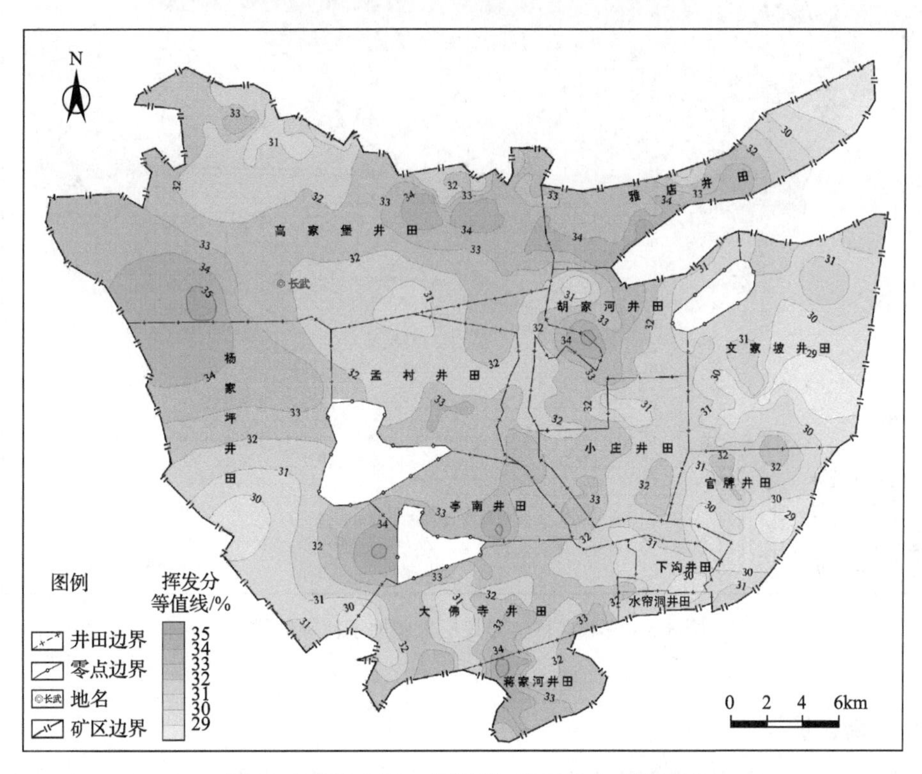

图 3-3　彬长矿区 4 号煤层原煤挥发分等值线图

心呈正态分布(图 3-4)。平面上，矿区内绝大部分区域氢碳原子比为 0.60～0.70，仅矿区西部杨家坪井田、高家堡井田、孟村井田界线处以及矿区南端蒋家河井田相对较高；总体上，氢碳原子比由南向北有所增大，然而局部亦有特别情况(图 3-5)。

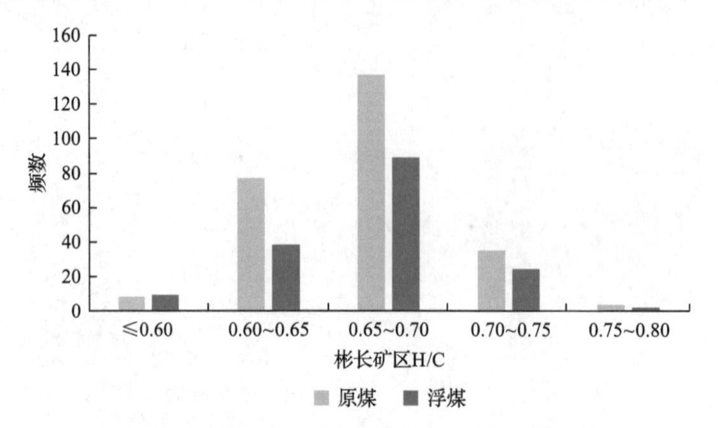

图 3-4 彬长矿区 4 号煤层氢碳原子比分布直方图

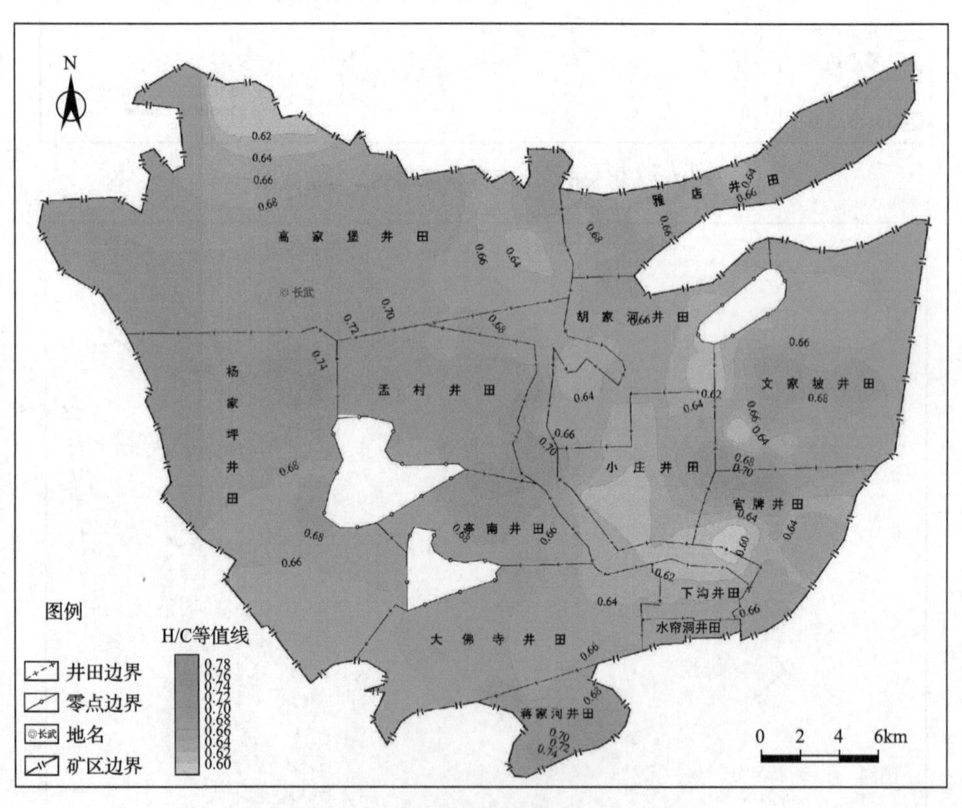

图 3-5 彬长矿区 4 号煤层氢碳原子比等值线图

2. 全硫含量

彬长矿区 4 号煤层原煤全硫含量为 0.08%～3.61%，平均值为 0.77%(N=592)，浮煤全硫含量为 0.07%～2.49%，平均值为 0.50%(*N*=585)。按《煤炭质量分级 第 2 部分：硫分》(GB/T 15224.2—2021)中煤炭资源评价硫分分级，彬长矿区 4 号煤层原煤主要为特低硫煤—低硫煤，少部分为中硫煤，极少部分为中高硫煤；洗选后，浮煤绝大部分为特低硫煤，部分为低硫煤，而极少数为中硫煤或中高硫煤(图 3-6)。平面上，大部分区域全硫含量小于 1.00%，在矿区东部的文家坡井田、小庄井田、官牌井田全硫含量较大区域全硫含量大于 1.00%，甚至大于 2.00%，达到中硫煤，矿区南部下沟井田、西部高家堡井田和杨家坪井田亦有部分区域全硫含量大于 1.00%，总体上，由北向南，中硫煤区间隔性出现(图 3-7)。

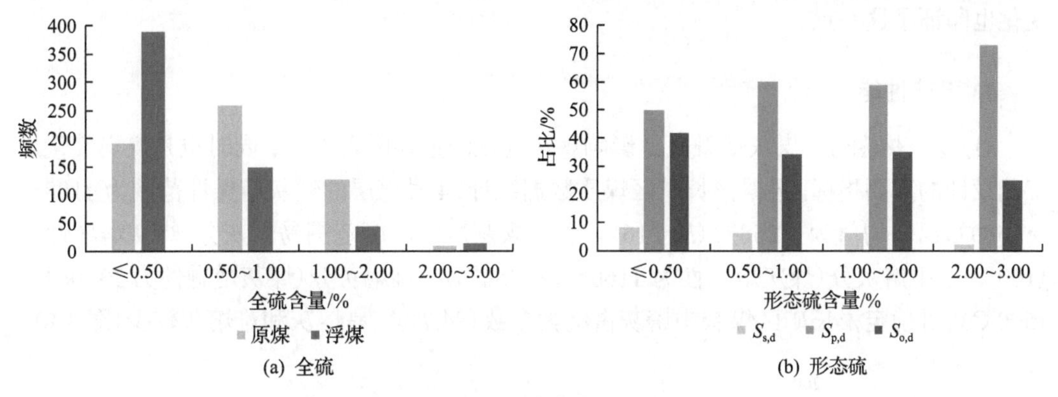

图 3-6　彬长矿区 4 号煤层硫含量分布直方图

$S_{s,d}$-硫酸盐硫；$S_{p,d}$-硫化铁硫；$S_{o,d}$-有机硫

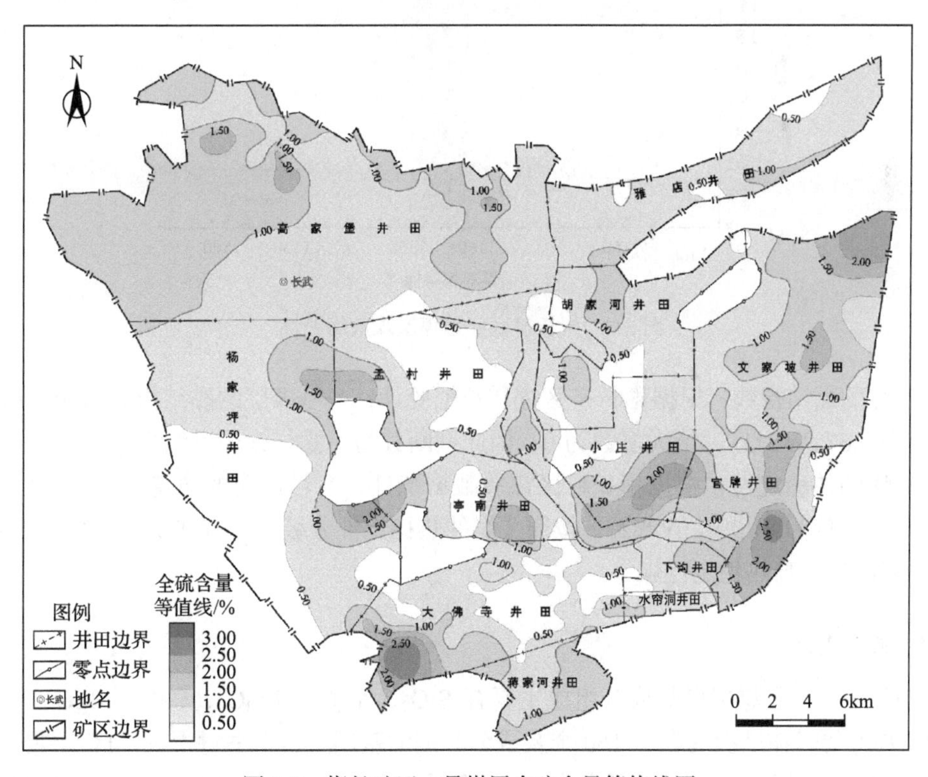

图 3-7　彬长矿区 4 号煤层全硫含量等值线图

彬长矿区 4 号煤层原煤中各形态硫对全硫含量的贡献值以硫化铁硫为主，其次为有机硫，硫酸盐硫贡献值较低；全硫含量不同的煤具形态硫的占比也具有明显的变化规律，当全硫含量≤0.50%，即为特低灰硫时，硫化铁硫占比最低，平均为 49.88%，而硫酸盐硫和有机硫的占比达到最大，分别为 8.10%和 42.02%；随着全硫含量的增大，硫化铁硫占比增大，而硫酸盐硫和有机硫占比减少，中高硫煤（$S_{t,d}$ 介于 2.01%～3.00%）中硫化铁硫占比达到 72.70%，而硫酸盐硫和有机硫分别下降至 2.10%和 25.20%（图 3-6）。由此可见，彬长矿区 4 号煤层中的中高硫煤主要是由煤中黄铁矿等引起的，浮煤中全硫含量的变化也印证了这一点。

3. 工艺性能

（1）煤灰熔融性：煤灰熔融性是影响煤炭气化的重要因素之一，同时也是煤炭气化炉工艺设计的重要指标。根据彬长矿区煤质数据统计，4 号煤层的煤灰熔融性范围为 1108～>1500℃，平均值为 1268℃（*N*=216）。参考煤灰熔融温度范围易熔灰分（煤灰熔融性<1160℃）、中熔灰分（煤灰熔融性为 1160～>1350℃）、难熔灰分（煤灰熔融性为 1350～>1500℃），可确定彬长矿区煤灰中熔灰占绝大多数（84.7%）、易熔灰和难熔灰较少（图 3-8）。

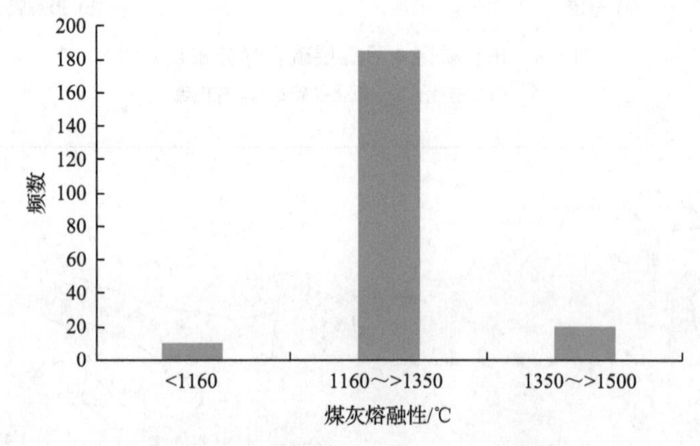

图 3-8　彬长矿区 4 号煤层煤灰熔融性

（2）煤的黏结指数：根据彬长矿区煤质数据统计，4 号煤层的黏结指数为 0～14.9，平均值为 0.67（*N*=311），绝大多数为 0，因此判断其为不黏结或弱黏结煤。

（3）煤的热稳定性：根据彬长矿区煤质数据统计，4 号煤层的热稳定性为 55.7%～99.4%，平均值为 81.99%（*N*=92）。按照《煤的热稳定性分级》（MT/T 560—2008），该区域 4 号煤层属于高热稳定性煤。

4. 煤灰成分

彬长矿区 4 号煤层煤灰成分组成主要有 SiO_2、Al_2O_3、Fe_2O_3、CaO、MgO、K_2O、Na_2O、TiO_2 等。在勘探资料中 160 个灰成分数据的基础上，本书对彬长矿区 7 件样品进行了煤灰成分分析，煤灰中主要成分 SiO_2 含量为 15.58%～69.49%，平均值为 44.88%

(N=167)；Al_2O_3含量为5.85%～33.85%，平均值为17.18%；Fe_2O_3含量为1.95%～23.44%，平均值为8.04%；CaO含量为0.24%～48.00%，平均值为16.43%；MgO含量为0.27%～17.58%，平均值为2.71%；SO_3含量为0.18%～16.62%，平均值为6.46%。总体上以硅铝酸盐氧化物为主，碱性氧化物次之。

（二）煤岩特征

煤岩学就是根据岩石学的观点和方法来研究煤的组成、成分、类型、性质等，煤的煤岩学特征包括宏观煤岩特征和显微煤岩特征。彬长矿区4号煤层在勘探过程中取得了较多煤岩特征资料，本书是在前人工作的基础上，针对性地补充了部分显微煤岩特征工作。

1. 宏观煤岩特征

彬长矿区内主要可采煤层4号煤层颜色为黑色，条痕为褐黑色，弱沥青—沥青光泽，部分为暗淡光泽；贝壳状、参差状、阶梯状断口，暗煤中发育棱角状—不规则状断口；丝炭呈丝绢光泽，纤维状结构。各煤层裂隙被方解石脉或黄铁矿薄膜充填，内生裂隙不发育。结构以线理状—细条带状结构为主，暗淡型煤多为均一状结构；各煤层均发育水平及断续水平层理。各煤层均含大量丝炭，呈薄层状分布。宏观煤岩类型以暗淡型、半暗型为主，半亮型次之。

2. 显微煤岩特征

彬长矿区煤岩显微组分有机质含量高，达90%以上，其中以惰质组分为主，镜质组分次之，壳质组分含量低(表3-3)；无机组分含量较低，且以黏土、碳酸盐岩和氧化物为主。

表3-3　彬长矿区4号煤层显微组分定量分析统计结果(钻孔)　(单位：%)

孔号	去矿物基			镜质组平均最大反射率 $R_{o,max}$
	镜质组	惰质组	壳质组	
12-3	25.6	70.6	3.8	0.646
162	20.9	77.9	1.2	0.698
11-1	28.9	66.3	4.8	0.670
5-4	17.3	79.9	2.8	0.692
6-6	30.9	65.7	3.4	0.664
W1	13.1	84.6	2.3	0.697
3-6	18.2	79.0	2.8	0.646
1-2	19.0	78.1	2.9	0.716
9-4	14.1	81.8	4.1	0.674
3-2	20.6	77.1	2.3	0.657
83	24.8	73.2	2.0	0.669
2-2	27.0	72.0	1.0	0.698

(1)镜质组：以基质镜质体(胶结半丝质体、碎屑惰质体、氧化丝质体等，少数被黏土矿物浸染)为主，含少量结构镜质体(胞腔变形，多中空，少数被黏土充填)、均质镜质体、团块镜质体。矿区内4号煤层中镜质组含量较低，占煤中矿物含量的13.1%～30.9%，平均值为21.7%(N=45)，这一特征在矿区内较为明显。

(2)惰质组：惰质组以半丝质体为主，其次为碎屑惰质体，含少量氧化丝质体，偶见微粒体、粗粒体和火焚丝质体。矿区内煤中惰质组含量非常高，介于65.7%～84.6%，平均占总含量的75.5%。惰质组含量高、镜质组含量低是彬长矿区的重要特征，为鄂尔多斯盆地内镜惰比最低的矿区。

(3)壳质组：壳质组主要为小孢子体、角质体和树脂体，含量为1.0%～4.8%，平均占总含量的2.8%。

(4)矿物：彬长矿区4号煤层样品中无机矿物以黏土矿物为主，部分样品见有黄铁矿填充于丝质体或镜质体粗大缝隙中，碳酸盐主要为方解石，占煤岩矿物总量的8.75%。

(5)煤的镜质组平均最大反射率：根据彬长矿区4号煤层采样测试结果，其镜质组平均最大反射率为0.646%～0.716%，平均值为0.68%，属于Ⅱ煤化阶段烟煤。矿区内镜质组平均最大反射率基本稳定在0.646%～0.716%这一范围，没有较大浮动。

3. 煤相

彬长矿区位于鄂尔多盆地南缘，印支运动末期该区发生区域性隆升，河流侵蚀严重。尽管早侏罗世富县组的沉积对古侵蚀面起到了一定程度的“填平补齐”作用，但在延安组沉积初期，这种隆凹地形依然存在。而该区煤系基底古地形的基本形态控制了主采煤层区域上的分布范围及其厚度变化，次一级的地形起伏是煤层局部性变化的主要因素，厚煤带均分布在凹陷的轴部地带；随着煤系垂向加积的增厚，起伏不平的古地形逐渐消失，其控煤作用随之减弱至无，因此古地形是控制煤系下部煤层聚积的主导因素。低洼地区形成广阔的湿地沼泽，覆水程度浅，水介质为酸性，属弱还原氧化环境，有机质凝胶化程度低，结构体发育，无机沉积作用弱，矿物质和硫分低。煤相的垂向演化主要由湿地沼泽相经河床相、河漫滩相及沼泽相，进而变为湖泊沼泽相。所以，泥炭堆积时凝胶化程度低，丝质组含量较高。

4. 微量元素

前人研究认为彬长矿区煤中存在一定的元素异常，如Ga含量超过30ppm[①]。本书对来自胡家河井田、小庄井田、大佛寺井田的3个煤岩样品进行了微量元素检测，结果未发现异常富集的岩石，各元素的富集系数(CC)均小于1，部分元素富集系数甚至小于0.1(表3-4)。

① 1ppm=10^{-6}。

表 3-4　彬长矿区微量元素统计表　　(单位：μg/g)

元素	BH2-2	BX2-2	BD1-6	平均值	中国煤(代)	富集系数
Li	9.4836	5.76485	6.64755	7.30	31.8	0.23
Be	0.21425	0.1729	0.46765	0.28	2.11	0.13
Co	0.87845	5.1466	1.6137	2.55	7.08	0.36
Ni	3.3088	7.7151	4.84425	5.29	13.7	0.39
Ga	1.2599	1.75075	1.4578	1.49	6.55	0.23
Rb	0.46295	1.9903	0.5369	1.00	9.25	0.11
Nb	1.63035	1.64465	1.98255	1.75	9.44	0.19
Mo	0.1689	1.4382	0.55725	0.72	3.08	0.23
Cd	0.0133	0.0242	0.0258	0.02	0.25	0.08
In	0.01325	0.01165	0.0167	0.01	0.047	0.21
Sb	0.09	0.125	0.0829	0.10	2.11	0.05
Sc	1.2673	1.46675	2.4809	1.74	4.38	0.40
Ba	24.89	54.28	31.25	36.81	159	0.23
Cr	13.875	12.05	13.63	13.19	15.4	0.86
Cu	5.0735	9.495	6.812	7.13	17.5	0.41
Hf	0.8811	0.91195	1.2779	1.02	3.71	0.27
Ta	0.13255	0.14235	0.1919	0.16	0.62	0.26
W	0.19005	0.261	0.3547	0.27	1.08	0.25
Tl	0.00835	0.0385	0.02965	0.03	0.47	0.06
Pb	6.54855	6.03135	4.16135	5.58	15.1	0.37
Bi	0.0375	0.0539	0.04335	0.04	0.79	0.05
Th	1.9135	1.7875	2.8179	2.17	5.84	0.37
U	0.46785	0.47435	0.68355	0.54	2.43	0.22
Sr	147.15	114.2	140	133.78	140	0.96
V	4.711	6.4425	6.6165	5.92	35.1	0.17
Zn	15.515	54.37	8.27	26.05	41.4	0.63
Y	4.46605	3.7429	7.89535	5.37	18.2	0.30
Cs	0.1072	0.2006	0.0937	0.13	1.13	0.12
La	6.02385	4.60275	8.86365	6.50	22.5	0.29
Ce	11.22965	8.46395	16.3848	12.03	46.7	0.26
Pr	1.24845	0.93425	1.58	1.25	6.42	0.19
Nd	4.86425	3.60145	5.45985	4.64	22.3	0.21
Sm	0.8277	0.6531	1.11495	0.87	4.07	0.21
Eu	0.14695	0.11785	0.2587	0.17	0.84	0.20
Gd	0.7087	0.5688	1.1217	0.80	4.65	0.17
Tb	0.11855	0.09815	0.19345	0.14	0.62	0.23
Dy	0.7313	0.6117	1.2796	0.87	3.74	0.23
Ho	0.14935	0.1277	0.2621	0.18	0.96	0.19
Er	0.40665	0.3601	0.71255	0.49	1.79	0.27

续表

元素	BH2-2	BX2-2	BD1-6	平均值	中国煤(代)	富集系数
Tm	0.06345	0.05915	0.11235	0.08	0.64	0.13
Yb	0.4222	0.3946	0.75325	0.52	2.08	0.25
Lu	0.0602	0.05825	0.1026	0.07	0.38	0.18

三、特殊用煤资源

彬长矿区共划分为 13 个井田，都已建井或正在开采，截至 2015 年底，全矿区累计资源储量为 888415.7 万 t,保有资源量 865935.1 万 t,基础储量 103972 万 t,资源量 74139.5 万 t，其中，2015 年产量约为 1750 万 t。彬长矿区主要可采煤层为 3、4 号煤层，煤类为不黏煤，少量为弱黏煤，通过对其 4 号煤层全水分、灰分、全硫、软化温度、流动温度等指标分析发现(表 3-5，表 3-6)，彬长矿区煤炭资源不宜直接液化，大部适合常压固定床气化，适量适合流化床气化。

依据各井田资源量统计，截至 2015 年底，适合常压固定床气化用煤保有资源量为 779074.44 万 t，适合流化床气化用煤保有资源量为 86860.66 万 t(图 3-9)。

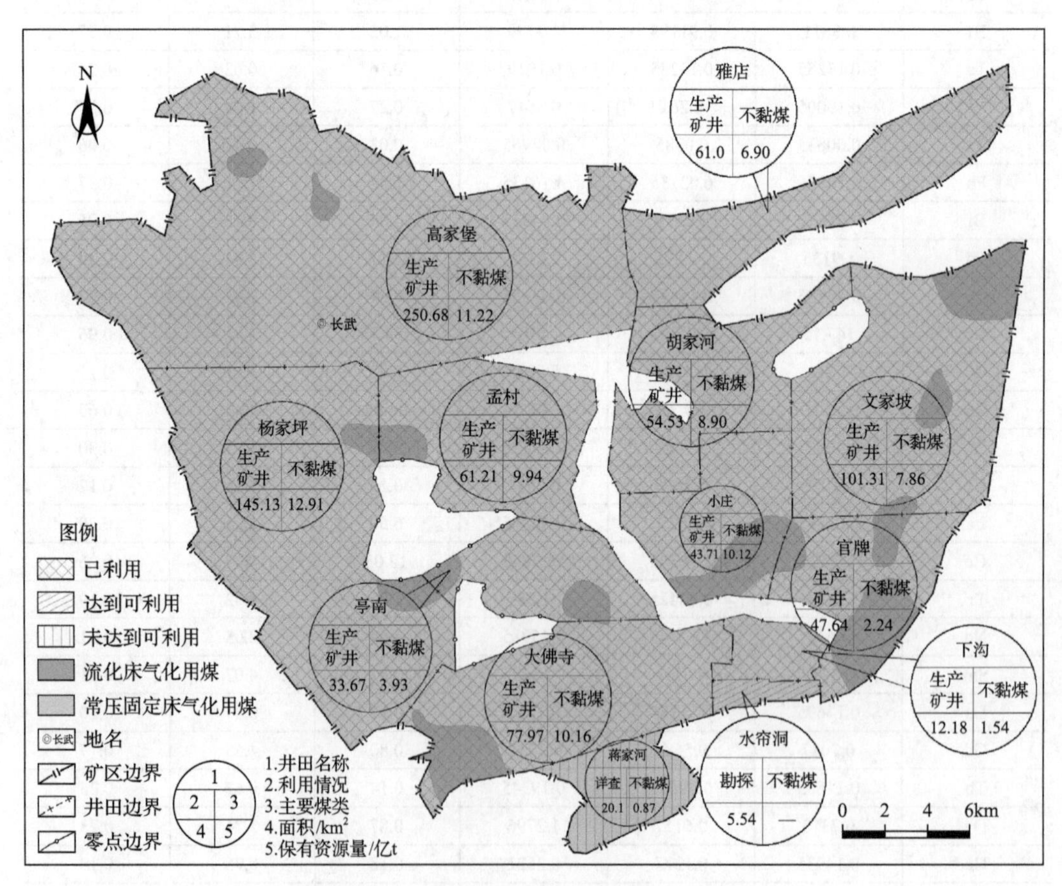

图 3-9　彬长矿区特殊用煤资源分布图

表 3-5 彬长矿区煤质特征对比

项目		常压固定床	流化床	气流床		彬长矿区 4 号煤层
				水煤浆	干煤粉	
全水分/%		＜6（无烟煤）	＜40		＜40	1.25～8.41[a] / 4.30[b]
		＜10（烟煤）				
		＜20（褐煤）				
灰分/%		＜22（无烟块煤）	＜40	＜25	＜25	3.18～35.94 / 14.07
		＜25（其他块煤）				
全硫/%		＜1.5	＜3	＜3	＜3	0.08～3.61 / 0.79
煤灰熔融性	软化温度/℃	≥1250	≥1050			1108～1460 / 1249
		≥1150（A_d≤18.00%）				
	流动温度/℃			1100～1350	1100～1450	1140～1500
煤对 CO_2 反应性（950℃）/%			＞60			
哈氏可磨性指数				≥40	≥40	
黏结指数		＜50	＜50			
热稳定性/%		＞60				
成浆浓度/%				≥55		
落下强度/%		＞60				

a 表示取值范围。

b 表示平均值。

表 3-6　彬长矿区煤炭资源勘查开发现状统计表

矿区	县市	勘查区(矿井)名称	成煤时代	勘查程度/开发状况	面积/km^2	利用情况	主要煤类	累计资源储量/万 t	保有资源量/万 t	基础储量/万 t	资源量/万 t	矿井类别	核定生产能力/万 t	2015 年产量/万 t	备注
彬长矿区	彬州	高家堡	J_2y	生产矿井	250.68	未利用	BN	112213.3	112213.3				500		气化
	长武	杨家坪	J_2y	生产矿井	145.13	未利用	BN	129053	129053				500		气化
	彬州	孟村	J_2y	生产矿井	61.21	已利用	BN	99355.8	99355.8			井工	600		气化
	彬州	雅店	J_2y	生产矿井	61.0	已利用	BN	69044.2	69044.2			井工	400		气化
	彬州	胡家河	J_2y	生产矿井	54.53	已利用	BN	89459	89025.2			井工	500	291	气化
	彬州	文家坡	J_2y	生产矿井	100.31	已利用	BN	78584.7	78584.7			井工	400		气化
	彬州	小庄	J_2y	生产矿井	43.71	已利用	BN	101195	101195			井工	600		气化
	彬州	官牌	J_2y	生产矿井	47.64	已利用	BN	27507	22436	11226	16281	井工	600	298	气化
	彬州	亭南	J_2y	生产矿井	33.67	已利用	BN	42082.6	39303.3	1216.1	40866.5	井工	300		气化
	彬州	大佛寺	J_2y	生产矿井	77.97	已利用	BN	107492.6	101645.8	72604.6	3488.8	井工	800	613	气化
	彬州	蒋家河	J_2y	生产矿井	20.1	已利用	BN	8951.2	8704.1	3294.2	5657	井工	90	92	气化
	彬州	下沟	J_2y	生产矿井	12.18	已利用	BN	23477.3	15374.7	15631.1	7846.2	井工	300	302	气化
	彬州	水帘洞	J_2y	生产矿井	5.54	已利用	BN					井工	150	154	气化
合计					913.67			888415.7	865935.1	103972	74139.5		5740	1750	

第二节　神 府 矿 区

一、矿区概况

神府矿区位于陕西省最北端神木、府谷境内，地理坐标为：东经 110°05′～110°50′，北纬 38°52′～39°27′。东以煤层露头为界，北达陕蒙边界与内蒙古东胜矿区毗邻，南为煤层露头并沿窟野河南下至麻家塔沟，与榆神矿区接壤。东西宽 50km，南北长 20～60km，面积约 $2400km^2$。

矿区划分为 2 个开采区、12 个井田、1 个预留区，分别为：神府矿区南区红柳林井田、张家峁井田、柠条塔井田、孙家岔井田；神府矿区新民开采区杨伙盘井田、榆家梁井田、南梁井田、石窑店井田、青龙寺井田、沙沟岔井田、郭家湾井田、三道沟井田、新民预留区。

陕北侏罗纪煤田神府矿区位于鄂尔多斯盆地陕北斜坡北部，区内地层为走向北东-南西、倾向北西、倾角 1°～3°的西倾单斜构造，无褶曲，无断层，无火成岩侵入，构造简单。

区内含煤地层为中-下侏罗统延安组，共含七层煤，其中 4^{-2} 号煤层不可采，1^{-2} 号煤层零星可采，2^{-2} 号煤层和 3^{-1} 号煤层大部可采，3^{-2} 号煤层局部可采，4^{-3} 号煤层和 5^{-2} 号煤层全区可采，各可采煤层单层厚度 1.10～6.29m，平均值为 1.25～4.45m，不含夹矸，属稳定性中厚层煤。目前开采最广泛的煤层为 5^{-2} 号煤层，故本节以该煤层为最主要研究对象。

二、煤岩、煤质特征

本节收集了神府矿区 13 个井田的钻孔煤质资料和勘探地质报告，采集神府矿区 13 个井田延安组 20 组 321 件煤样、顶底板样、夹矸样进行了工业分析、全硫、灰分（表 3-7）、煤灰熔融性、哈氏可磨性指数、黏结指数、热稳定性、微量元素等煤质测试分析及煤岩显微组分鉴定。

表 3-7　神府矿区 5^{-2} 号煤层工业分析及硫含量测试分析统计结果

工业分析									全硫含量/%	
原煤全水分/%	水分/%		灰分/%		挥发分/%		氢碳原子比			
	原煤	浮煤	原煤	浮煤	原煤	浮煤	原煤	浮煤	原煤	浮煤
10.7[a]	8.21	6.25	8.92	4.00	35.73	35.41	0.69	0.70	0.36	0.23
10.2～11.5[b]	3.80～14.47	1.00～10.25	3.27～39.48	2.17～9.63	26.12～51.71	28.47～43.72	0.42～0.99	0.56～1.02	0.10～2.46	0.00～0.65

a 表示平均值。

b 表示取值范围。

(一)煤质特征

1. 工业分析

(1)水分：神府矿区 5^{-2} 号煤层原煤水分含量为 3.80%～14.47%，平均值为 8.21%(N=871)；浮煤水分含量为 1.00%～10.25%，平均值为 6.25%(N=861)。

(2)灰分：神府矿区 5^{-2} 号煤层原煤灰分为 3.27%～39.48%，平均值为 8.92%，主要为低灰分煤。浮煤灰分为 2.17%～9.63%，平均值为 4.00%(N=853)。

按《煤炭质量分级 第 1 部分：灰分》(GB/T 15224.1—2018)中煤炭资源评价灰分分级，神府矿区 5^{-2} 号煤层主要为特低灰煤，其次为低灰煤，极少量为中灰煤和中高灰煤；洗选后，灰分均小于 10%(图 3-10)。平面上，全区原煤中特低灰煤占绝大部分面积，矿区东部三道沟井田、沙沟岔寺井田和青龙寺井田局部区域灰分产率超过 10%，矿区西南部张家峁井田、柠条塔井田亦有部分区域灰分产率超过 10%,部分区域灰分产率大于 14%。总体上，神府矿区 5^{-2} 号煤层原煤灰分展布特征表现为矿区中部最高，向南、向北灰分减小(图 3-11)。垂向上，原煤灰分总体较低，小于 10%，但亦有部分层位相对较高，中上部煤层灰分甚至超过 20%(图 3-12)。

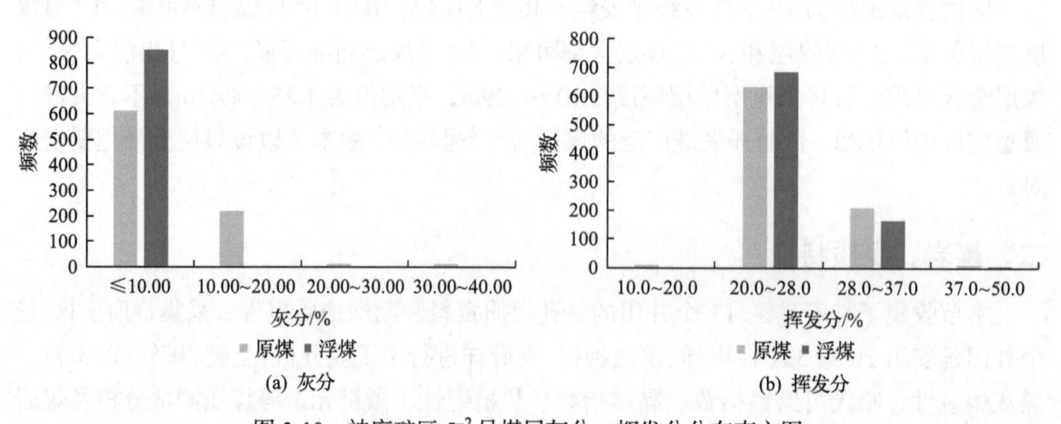

图 3-10 神府矿区 5^{-2} 号煤层灰分、挥发分分布直方图

(3)挥发分：神府矿区 5^{-2} 号煤层原煤挥发分为 26.12%～51.71%，平均值为 35.73%(N=862)，在平面分布上，井田内大部分区域原煤的挥发分在 30%～32%，变化不大，但具有西部较高、东部较低的特点；浮煤挥发分为 28.47%～43.72%，平均值为 35.41%(N=853)。

按《煤的挥发分产率分级》(MT/T 849—2000)，神府矿区 5^{-2} 号煤层原煤挥发分主要分布在 28.0%～37.0%，部分介于 37.1%～50.0%，即以中高挥发分煤为主，含部分高挥发分煤；浮选后挥发分变化较小，分布范围与原煤近一致，高挥发分煤比例相对减少，中高挥发分煤比例相对增加(图 3-10)。平面上，矿区内大部分区域原煤的挥发分在 33%～37%，矿区中部孙家岔井田北部、石窑店井田、沙沟岔井田以及矿区南部红柳林井田南北有较大范围挥发分较高区，挥发分超过 37.0%。总体上，神府矿区 5^{-2} 号煤层原煤挥

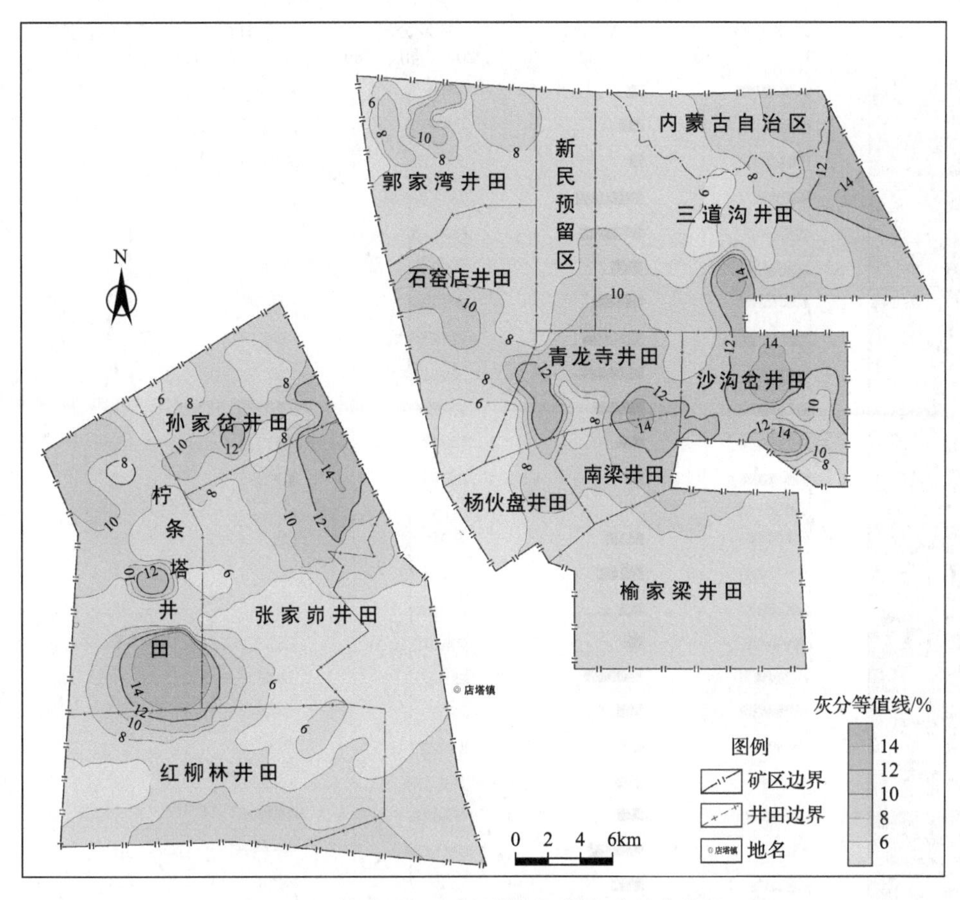

图 3-11　神府矿区 5^{-2} 号煤层原煤灰分等值线图

发分变化不大，呈现出东部挥发分较高，向南、向北有所减小，与灰分分布规律具有一定的相似度(图 3-13)。垂向上，原煤挥发分变化较大，以 35%左右为主，上部层位较高，超过 40%，与灰分较高者相对应，显示出与无机组分具有一定的相关性(图 3-12)。

(4)氢碳原子比：神府矿区 5^{-2} 号煤层原煤氢碳原子比为 0.42～0.99，主要分布在 0.60～0.75，平均值为 0.69(N=607)；浮煤氢碳原子比为 0.56～1.02，主要分布在 0.65～0.75，平均值为 0.70(N=291)；总体上原煤氢碳原子比以 0.65～0.75 为中心，浮煤以 0.70 为中心呈正态分布(图 3-14)。平面上，矿区内绝大部分区域氢碳原子比介于 0.65～0.75，其中矿区西部张家峁、孙家岔、柠条塔等井田较大范围氢碳原子比＞0.7；此外，矿区东北部三道沟井田和西南部红柳林井田部分区域氢碳原子比低于 0.65，矿区北端的郭家湾井田北部较大区域氢碳原子比大于 0.75，甚至大于 0.80，其他井田亦零星存在小面积氢碳原子比超过 0.75 者。总体而言，矿区西部、北部氢碳原子比高于其他区域(图 3-15)。垂向上，氢碳原子比大部分小于 0.7，下部煤层总体高于上部煤层，部分样品超过了 0.7(图 3-12)。

2. 全硫含量

神府矿区 5^{-2} 号煤层原煤全硫含量为 0.10%～2.46%，平均值为 0.36%(N=843)，浮煤

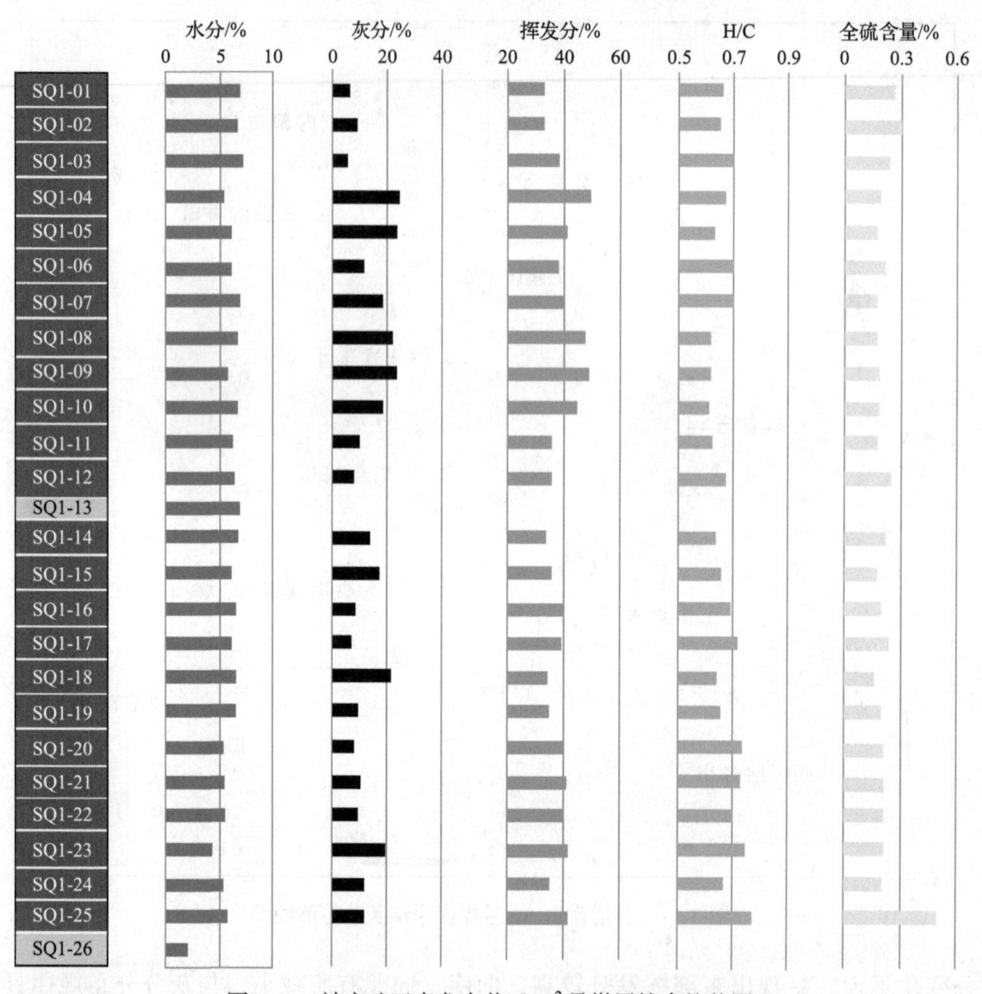

图 3-12　神府矿区青龙寺井田 5^{-2} 号煤层综合柱状图

全硫含量为 0.00%～0.65%，平均值为 0.23%（N=787）。按《煤炭质量分级 第 2 部分：硫分》（GB/T 15224.2—2021）中煤炭资源评价硫分分级，神府矿区 5^{-2} 号煤层原煤主要为特低硫煤，部分为低硫煤，极少部分为中高硫煤；洗选后，浮煤绝大部分为特低硫煤，小部分为低硫煤（图 3-16）。平面上，大部分区域全硫含量小于 0.50%，为特低硫煤，矿区东部的三道沟井田、榆家梁井田大面积区域小于 0.2%；在矿区西部的孙家岔、柠条塔、张家峁三个井田交汇处全硫含量相对较高，超过 0.6%，主要为低硫煤。总体上，矿区中部全硫含量相对较高，南部和北部低，但北部郭家湾井田部分区域全硫含量相对较高（图 3-17）。垂向上，全硫含量变化较小，整体介于 0.2%～0.3%，仅底部一个样品大于 0.3%。

神府矿区 5^{-2} 号煤层原煤中各形态硫对全硫含量的贡献值以硫化铁硫（$S_{p,d}$）和有机硫（$S_{o,d}$）为主，硫酸盐硫（$S_{s,d}$）贡献值较低；全硫含量不同的煤其形态硫的占比也具有较明显的变化规律，当全硫含量≤0.50%，即为特低硫煤时，有机硫占比最高，平均值为 61.31%，

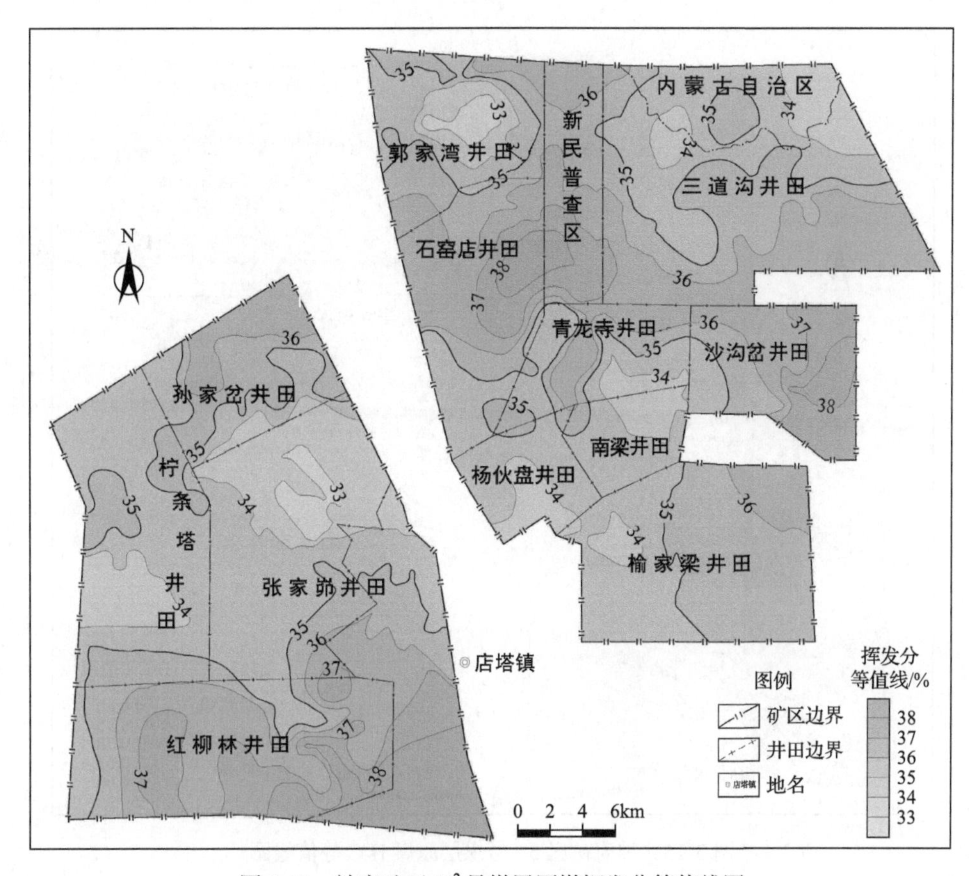

图 3-13　神府矿区 5^{-2} 号煤层原煤挥发分等值线图

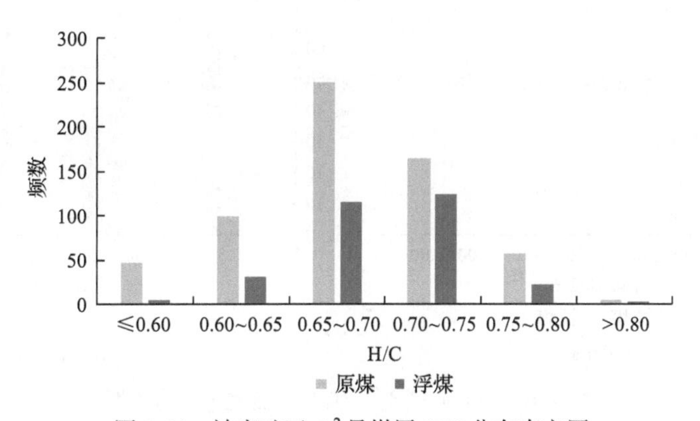

图 3-14　神府矿区 5^{-2} 号煤层 H/C 分布直方图

而硫化铁硫占比达到最低，平均值为 31.59%；中硫煤（全硫含量介于 1.00%～2.00%）中，硫化铁硫占比达到65.19%，而硫酸盐硫和有机硫占比分别下降至4.01%和30.80%（图3-16）。由此可见，神府矿区 5^{-2} 号煤层相对较高的硫含量主要是由煤中黄铁矿等所引起的，浮煤中有机硫占比明显增高、硫化铁硫的占比明显下降，这一特征也佐证了这一点。

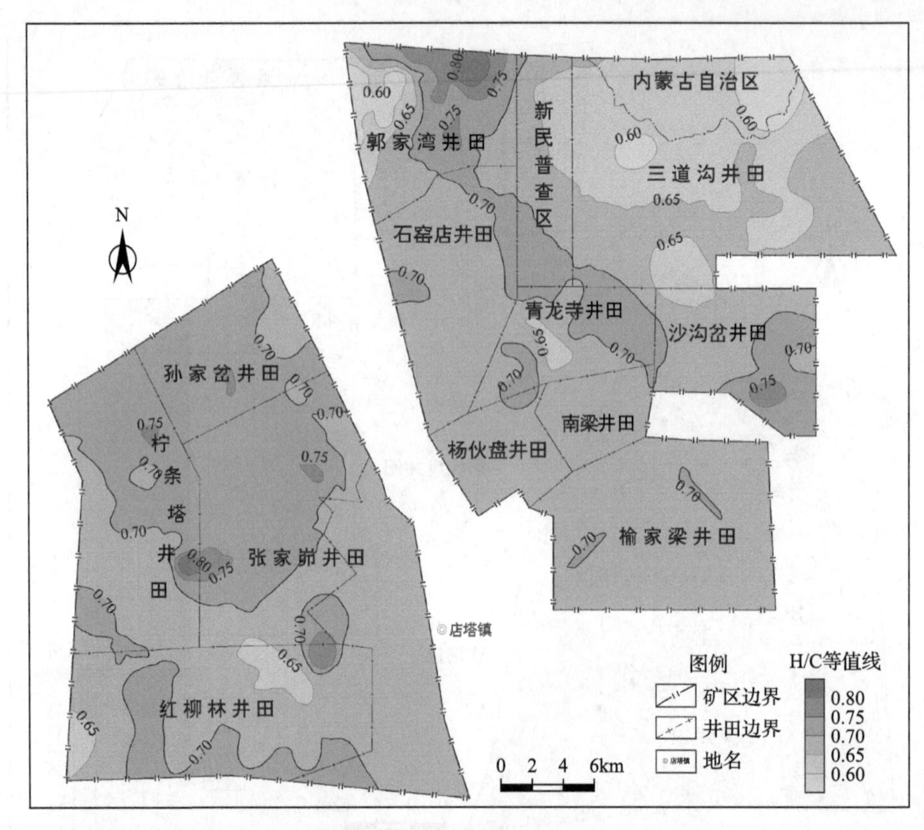

图 3-15　神府矿区 5^{-2} 号煤层原煤 H/C 等值线图

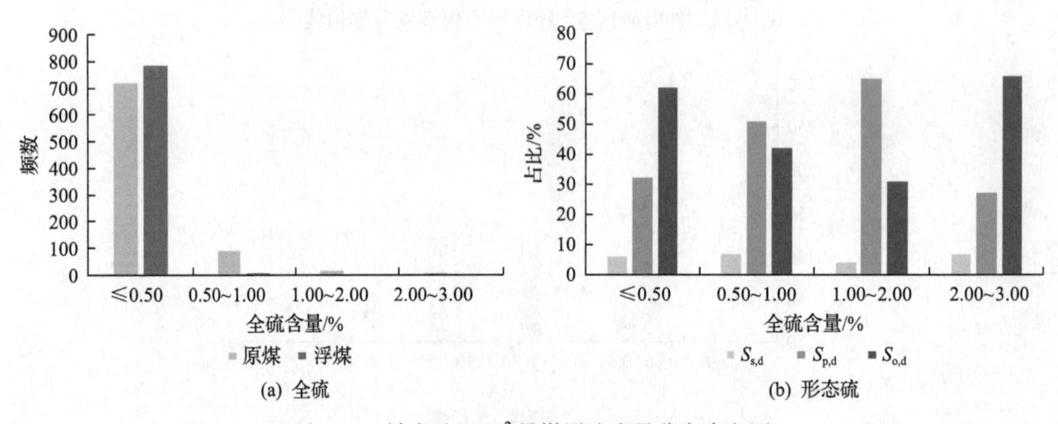

图 3-16　神府矿区 5^{-2} 号煤层硫含量分布直方图

3. 工艺性能

(1)煤灰熔融性：根据神府矿区煤质数据统计，5^{-2} 号煤层的煤灰熔融性范围为 990～>1500℃，平均值为 1197℃(*N*=401)。参考煤灰熔融温度范围易熔灰分(煤灰熔融性<1160℃)、中熔灰分(煤灰熔融性为 1160～>1350℃)、难熔灰分(煤灰熔融性为 1350～>1500℃)，可确定神府矿区煤灰以中熔灰为主，占 57.0%，其次为易熔灰，占 34.8%，难熔灰最少(图 3-18)。

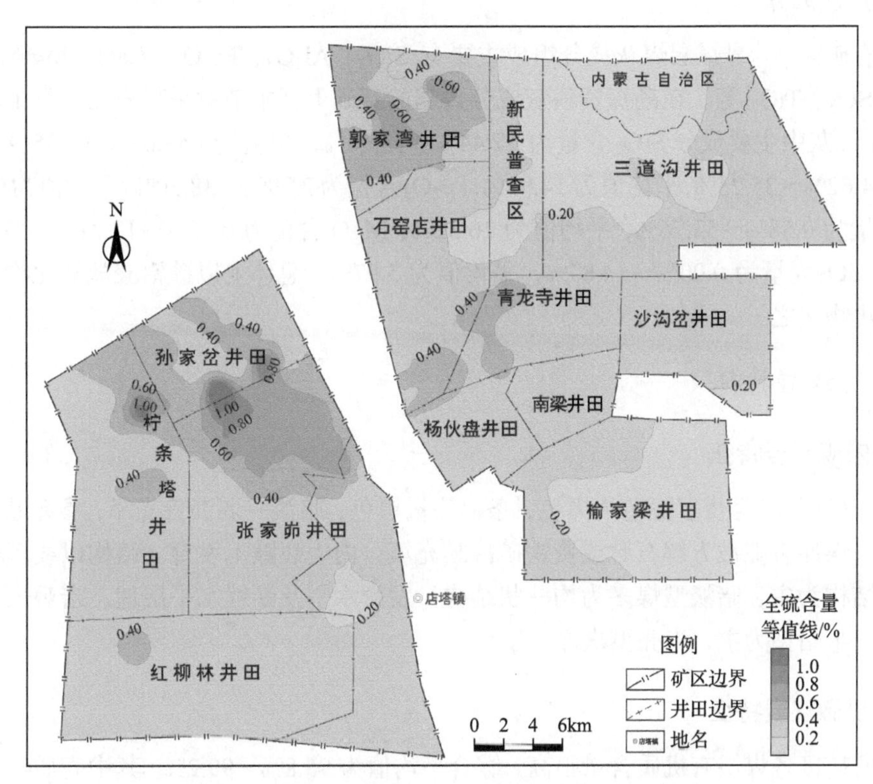

图 3-17　神府矿区 5^{-2} 号煤层原煤全硫含量等值线图

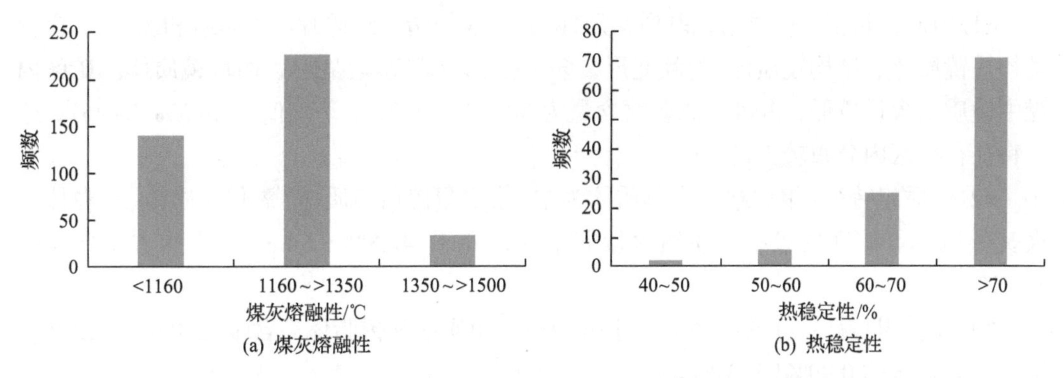

图 3-18　神府矿区 5^{-2} 号煤层煤灰熔融性和热稳定性分布直方图

(2)煤的黏结指数：根据神府矿区煤质数据统计，5^{-2} 号煤层的黏结指数为 0～3.1，平均值为 0.02(N=622)，绝大多数为 0，因此判断其为不黏结煤。

(3)煤的热稳定性：根据神府矿区煤质数据统计，5^{-2} 号煤层的热稳定性为 48.5%～91.5%，平均值为 75.14%(N=105)。按照《煤的热稳定性分级》(MT/T 560—2008)，该矿区 5^{-2} 号煤层大部分属于中高热稳定性煤(TS_{+6}=68.6%)，其次为中热稳定性煤(TS_{+6}=23.8%)，另有少量低热稳定性煤(图 3-18)。

4. 煤灰成分

神府矿区 5^{-2} 号煤层煤灰成分组成主要有 SiO_2、Al_2O_3、Fe_2O_3、CaO、MgO、K_2O、Na_2O、SO_3、TiO_2 等。在勘探资料灰成分数据的基础上，本节对采集样品进行了较多灰成分分析，灰中主要成分 SiO_2 含量为 17.44%～85.96%，平均值为 43.09%（N=356）；Al_2O_3 含量为4.62%～35.23%，平均值为 14.93%；Fe_2O_3 含量为 2.79%～38.50%，平均值为 9.34%；CaO 含量为 0.58%～53.76%，平均值为 20.32%；MgO 含量为 0.16%～12.31%，平均值为 1.29%；SO_3 含量为 0.00%～14.87%，平均值为 5.97%。总体上以硅铝酸盐氧化物为主，碱性氧化物次之。

（二）煤岩特征

1. 宏观煤岩特征

神府矿区 5^{-2} 号煤层颜色为黑色，条痕为褐黑色，暗淡—弱沥青光泽；参差状、平坦状断口。煤层裂隙被方解石脉或黄铁矿薄膜充填，内生裂隙不发育。结构以线理状—细条带状结构为主，暗淡型煤多为均一状结构；发育水平及断续水平层理。宏观煤岩类型以暗型—半暗型为主，半亮型次之。

2. 显微煤岩特征

神府矿区各煤层有机质含量很高，综合平均值为 95.8%～99.2%。其中壳质组分多在 10%以下。

（1）镜质组特征：镜质组以基质镜质体为主（胶结惰质组碎片、壳质组和黏土），含少量均质镜质体、结构镜质体（胞腔变形，多中空，少量充填黏土）、团块镜质体。矿区内煤中镜质组含量较低，占煤中总矿物含量为 34.1%～59.2%，平均值为 46.5%（N=45），这一特征在矿区内分布较为稳定。

（2）惰质组特征：惰质组以半丝质体为主，含少量碎屑惰质体、氧化丝质体、粗粒体、火焚丝质体。矿区内煤中惰质组含量非常高，介于 40.8%～64.6%，平均占总含量的 52.51%。

（3）壳质组特征：壳质组主要为小孢子体、角质体和树脂体；含量为 0.0%～1.8%，平均占总含量的 0.99%（表 3-8）。

表 3-8　神府矿区 5^{-2} 号煤层显微组分定量分析统计结果　（单位：%）

钻孔编号	去矿物基			$R_{o,max}$
	镜质组	惰质组	壳质组	
S1	39.9	59.1	1.0	0.578
S26	35.4	63.4	1.2	0.571
ya2	43.8	55.5	0.7	0.58
ya3	41.0	57.6	1.4	0.59

续表

钻孔编号	去矿物基			$R_{o,max}$
	镜质组	惰质组	壳质组	
ya9	44.4	54.4	1.2	0.55
Sn4	48.1	50.4	1.5	0.58
Sn5	44.5	54.4	1.1	0.51
Sn9	43.3	55.6	1.1	0.58
B7	51.9	47.7	0.4	0.595
B11	34.1	64.6	1.3	0.61
SQl-23	59.2	40.8	0.0	0.56
SQl-17	58.1	40.8	1.1	0.54
SQl-10	51.5	48.5	0.0	0.53
SQl-03	55.9	42.3	1.8	0.54

(4)矿物：煤中矿物含量占煤岩矿物总量的1.74%。黏土充填裂隙或胞腔；碳酸盐类主要为方解石，呈充填裂隙状，菱铁矿呈结核状。

(5)煤的镜质组平均最大反射率：根据前人资料及本次工作的测定，神府矿区5^{-2}号煤层的镜质组最大平均反射率为0.51～0.61，平均值为0.57，矿区内镜质组平均最大反射率基本稳定在这一范围，变化幅度很小。属于Ⅰ-Ⅱ煤化程度，即为低煤化度烟煤。

对青龙寺5^{-2}号煤层煤样进行了煤岩亚显微组分鉴定，结果(表3-9)表明，无结构镜质体中的基质镜质体为最主要的亚显微组分，占全组分的34.6%～68.0%，其次为半丝质体，占全组分的34.1%～50.9%(图3-19)。

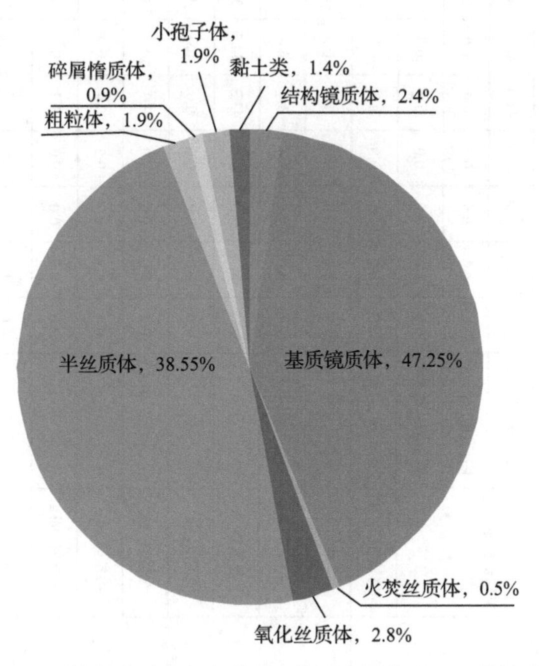

图3-19 神府矿区青龙寺井田5^{-2}号煤层煤岩亚显微组分图

表 3-9 青龙寺煤岩化验数据

组	组分	亚组分	SQl-02	SQl-03	SQl-04	SQl-05	SQl-06	SQl-07	SQl-08	SQl-09	SQl-10	SQl-11	SQl-12	SQl-14	SQl-15	SQl-16	SQl-17	SQl-18	SQl-19	SQl-20	SQl-21	SQl-22	SQl-23	SQl-24
镜质组 V	结构镜质体 T	结构镜质体 1T1	0.0	0.0	0.0	0.0	0.0	0.0	0.0	0.0	0.0	0.0	0.0	0.0	0.0	0.0	0.0	0.0	0.0	0.0	0.0	0.0	0.0	0.0
		结构镜质体 2T2	0.0	0.6	0.9	0.5	1.3	2.4	1.8	0.0	0.0	0.0	0.0	1.8	2.2	0.9	0.5	1.7	1.3	0.9	0.4	0.4	0.0	2.3
	无结构镜质体 C	均质镜质体 C1	0.0	0.0	0.0	0.5	0.8	0.0	0.5	0.0	0.0	0.0	0.0	0.0	0.0	0.0	0.0	0.0	0.0	0.0	0.4	0.0	1.1	0.0
		基质镜质体 C2	34.6	45.7	52.8	40.9	41.5	43.8	46.8	48.0	45.9	36.1	36.9	38.5	39.0	64.2	49.7	40.0	46.8	62.9	68.0	53.0	63.0	41.3
		团块镜质体 C3	1.4	0.0	0.5	0.5	0.0	0.0	0.0	1.3	0.5	0.0	0.5	0.9	0.0	0.5	0.0	0.0	0.0	0.0	0.0	0.0	0.5	0.0
		胶质镜质体 C4	0.0	0.0	0.0	0.0	0.0	0.0	0.0	0.0	0.0	0.0	0.0	0.0	0.0	0.0	0.0	0.0	0.0	0.0	0.0	0.0	0.0	0.0
	碎屑镜质体 VD		0.0	0.0	0.0	0.0	0.0	0.0	0.0	0.0	0.0	0.0	0.0	0.0	0.4	0.0	0.0	0.0	0.0	0.0	0.0	0.0	0.0	0.0
惰质组 I	丝质体 F	火焚丝质体 F1	0.0	0.0	0.0	0.0	0.0	0.0	0.5	0.0	1.1	0.0	0.0	0.0	0.0	0.0	0.0	0.0	0.0	0.0	0.0	0.9	1.1	0.5
		氧化丝质体 F2	7.4	4.0	4.5	5.4	3.4	6.7	5.5	4.0	7.1	4.4	5.9	5.3	9.9	4.6	7.3	3.0	5.1	3.6	0.4	2.6	2.2	2.8
	半丝质体 Sf		50.9	44.5	30.3	38.3	43.3	34.3	37.7	33.5	35.0	48.3	48.6	48.7	39.9	27.1	35.2	47.4	43.8	26.8	24.1	38.9	24.5	46.9
	真菌体 Fu		0.0	0.0	0.0	0.0	0.0	0.0	0.0	0.0	0.0	0.0	0.0	0.0	0.0	0.0	0.0	0.0	0.0	0.0	0.0	0.0	0.0	0.0
	分泌体 Se		0.0	0.0	0.0	0.0	0.0	0.0	0.0	0.0	0.0	0.0	0.0	0.0	0.0	0.0	0.0	0.0	0.0	0.0	0.0	0.0	0.0	0.0
	粗粒体 Ma		0.4	1.2	0.9	0.5	0.4	0.0	0.9	0.4	1.1	1.5	1.4	0.0	1.8	0.5	1.0	1.3	0.4	0.9	0.0	0.0	0.5	1.9
	微粒体 Mi		0.0	0.0	0.0	0.0	0.0	0.0	0.0	0.0	0.0	0.0	0.0	0.0	0.0	0.0	0.0	0.0	0.0	0.0	0.0	0.0	0.0	0.0
	碎屑惰质体 ID		2.8	1.2	1.8	2.0	0.8	1.0	1.8	1.8	0.5	1.0	3.2	2.7	2.7	1.4	1.0	2.6	0.4	0.9	0.4	1.7	0.5	0.9
壳质组 E	孢粉体 Sp	大孢子体 Sp1	0.0	0.0	0.0	0.0	0.0	0.0	0.0	0.0	0.0	0.0	0.0	0.0	0.0	0.0	0.0	0.0	0.0	0.0	0.0	0.0	0.0	0.0
		小孢子体 Sp2	0.7	1.2	1.4	0.5	1.3	1.4	0.0	0.0	1.6	1.0	1.8	0.4	1.3	0.5	0.5	1.3	0.4	1.3	0.9	0.0	2.7	1.9
	角质体 Cu		0.4	0.0	0.0	1.0	0.8	0.0	0.0	0.4	0.5	0.0	0.5	0.9	0.4	0.0	0.0	0.4	0.0	0.0	0.4	0.0	0.0	0.0
	树脂体 Re		0.0	0.0	0.0	0.5	0.4	0.0	0.0	0.0	0.0	0.0	0.0	0.0	0.0	0.0	0.0	0.0	0.0	0.4	1.3	0.0	0.0	0.0
	木栓质体 Sub		0.0	0.0	0.0	0.0	0.0	0.0	0.0	0.0	0.0	0.0	0.0	0.0	0.0	0.0	0.0	0.0	0.0	0.4	0.0	0.0	0.0	0.0

续表

组	组分	亚组分	SQl-02	SQl-03	SQl-04	SQl-05	SQl-06	SQl-07	SQl-08	SQl-09	SQl-10	SQl-11	SQl-12	SQl-14	SQl-15	SQl-16	SQl-17	SQl-18	SQl-19	SQl-20	SQl-21	SQl-22	SQl-23	SQl-24
壳质组 E	树皮体 Ba		0.0	0.0	0.0	0.0	0.0	0.0	0.0	0.0	0.0	0.0	0.5	0.0	0.0	0.0	0.5	0.0	0.0	0.0	0.0	0.0	0.0	0.0
	沥青质体 Bt		0.0	0.0	0.0	0.0	0.0	0.0	0.0	0.0	0.0	0.0	0.0	0.0	0.0	0.0	0.0	0.0	0.0	0.0	0.0	0.0	0.0	0.0
	渗出沥青体 Ex		0.0	0.0	0.0	0.0	0.0	0.0	0.0	0.0	0.0	0.0	0.0	0.0	0.0	0.0	0.0	0.0	0.0	0.0	0.0	0.0	0.0	0.0
	荧光体 Fl		0.0	0.0	0.0	0.0	0.0	0.0	0.0	0.0	0.0	0.0	0.0	0.0	0.0	0.0	0.0	0.0	0.0	0.0	0.0	0.0	0.0	0.0
	藻类体 Alg	结构藻类体 Alg1	0.0	0.0	0.0	0.0	0.0	0.0	0.0	0.0	0.0	0.0	0.0	0.0	0.0	0.0	0.0	0.0	0.0	0.0	0.0	0.0	0.0	0.0
		层状藻类体 Alg2	0.0	0.0	0.0	0.0	0.0	0.0	0.0	0.0	0.0	0.0	0.0	0.0	0.0	0.0	0.0	0.0	0.0	0.0	0.0	0.0	0.0	0.0
	碎屑壳质体 ED		0.0	0.0	0.0	0.0	0.0	0.0	0.0	0.0	0.0	0.0	0.0	0.0	0.0	0.0	0.0	0.0	0.0	0.0	0.4	0.0	0.0	0.0
矿物 M	黏土类 CM		1.1	1.2	2.3	5.4	2.1	3.3	0.5	1.3	5.5	2.9	0.9	0.4	1.8	0.0	2.1	2.2	1.8	0.4	1.3	1.7	2.7	1.4
	硫化物类 SM		0.0	0.0	0.0	0.0	0.0	0.0	0.0	0.0	0.0	0.0	0.0	0.0	0.0	0.5	1.6	0.0	0.0	0.0	0.0	0.0	0.0	0.0
	碳酸盐类 CaM		0.4	0.6	4.5	3.9	3.8	7.1	4.1	9.3	1.1	4.9	0.0	0.4	0.4	0.0	0.5	0.0	0.0	1.3	1.8	0.9	1.1	0.0
	氧化硅类 SiM		0.0	0.0	0.0	0.0	0.0	0.0	0.0	0.0	0.0	0.0	0.0	0.0	0.0	0.0	0.0	0.0	0.0	0.0	0.0	0.0	0.0	0.0
	其他矿物类 OM		0.0	0.0	0.0	0.0	0.0	0.0	0.0	0.0	0.0	0.0	0.0	0.0	0.0	0.0	0.0	0.0	0.0	0.0	0.0	0.0	0.0	0.0

注：因四舍五入，部分数据存在误差。

3. 煤相

目前国际上普遍采用的煤相类型划分方法是基于显微组分定量统计的成因参数分析方法，主要包括结构保存指数(TPI)和凝胶化指数(GI)、地下水影响指数(GWI)、植被指数(VI)、氧化指数(OI)及镜惰比(*V/I*)等。根据本次在神府矿区青龙寺井田4个煤岩样品的显微组分分析结果，计算出以上煤相指标参数(表3-10)。应用TPI-GI相图、GWI-VI相图对煤层的煤相类型进行划分。总体来看其煤相类型具下列特征：TPI-GI 相图分析显示[图3-20(a)]：4个样品均落在开阔湖沼，属于低TPI、高GI组合，显示煤层植物结构保存差，植物凝胶化程度较高，反映了成煤物质中以草本为主，形成于开阔水域湖沼。VI-GWI 相图分析显示[图3-20(b)]，4个样品均落到潮湿湿地沼泽区域，具有低VI、低GWI的特点，VI均小于1显示成煤植物以草本植物为主，GWI均低于0.1显示其受地下水影响较小。综合评价，认为神府矿区主要成煤植物为草本植物，主要成煤环境为开阔湖沼。

表3-10　神府矿区 5^{-2} 号煤层显微组分煤相参数

样品编号	TPI	GI	GWI	VI	OI	*V/I*
SQl-03	0.66	1.46	0.090	0.682	2.272	2.25
SQl-10	0.76	1.15	0.026	0.783	1.496	1.43
SQl-17	0.60	1.62	0.033	0.630	2.617	1.06
SQl-23	0.43	2.19	0.041	0.435	5.126	1.32

三、特殊用煤资源

依据上述煤岩煤质指标分析，神府矿区 5^{-2} 号煤层主要特征为特低灰、特低硫，为中高—高挥发分长焰煤、不黏煤，镜质组平均最大反射率小于0.7%，煤岩显微组分中，富含氢的基质镜质体为镜质组的主要成分，氢碳原子比平均值为0.69(表3-11)，这些有利

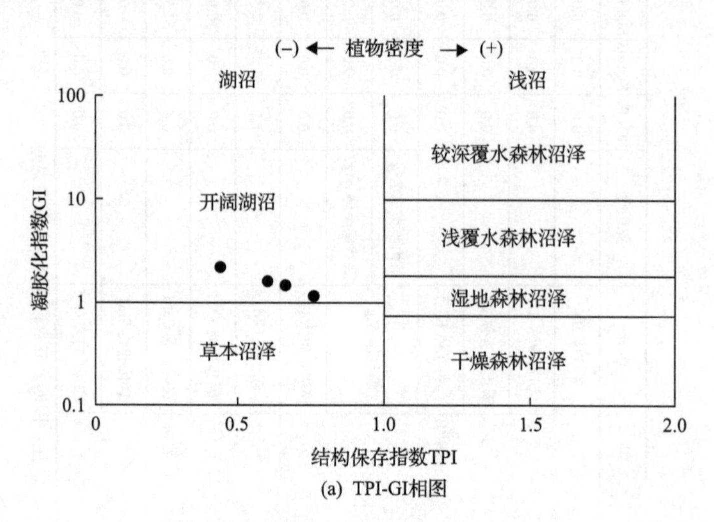

(a) TPI-GI相图

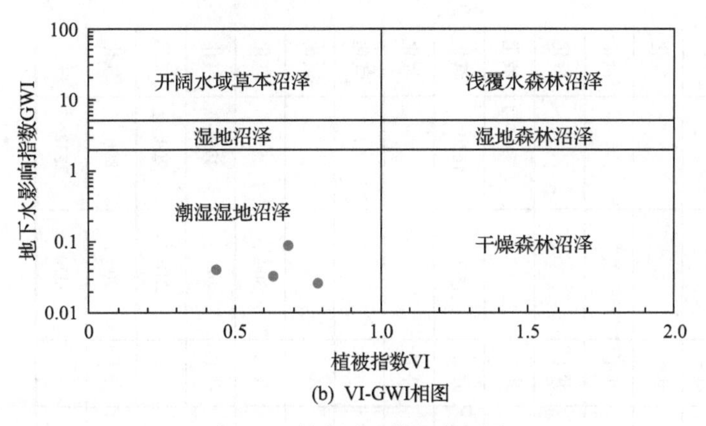

(b) VI-GWI相图

图 3-20　神府矿区煤相分析图

表 3-11　神府矿区直接液化用煤评价表

<table>
<tr><th rowspan="2">划分等级</th><th colspan="7">评价指标</th></tr>
<tr><th>挥发分/%</th><th>镜质组平均最大反射率/%</th><th>全水分/%</th><th>氢碳原子比（干燥无灰基）</th><th>哈氏可磨性指数</th><th>惰质组含量（去矿物基）/%</th><th>灰分/%</th></tr>
<tr><td>优质液化用煤</td><td rowspan="4">＞35</td><td rowspan="4">＜0.65</td><td rowspan="4">≤35 褐煤
≤16 烟煤</td><td rowspan="4">＞0.70</td><td rowspan="4">＞50</td><td rowspan="2">≤15</td><td>≤12</td></tr>
<tr><td rowspan="2">中等液化用煤</td><td>12～25</td></tr>
<tr><td rowspan="2">15-45</td><td>≤12</td></tr>
<tr><td>一般液化用煤</td><td>12～25</td></tr>
<tr><td>5^{-2} 号煤层最大值</td><td>51.71</td><td>0.61</td><td></td><td>0.99</td><td>77</td><td>64.6</td><td>39.48</td></tr>
<tr><td>5^{-2} 号煤层最小值</td><td>26.12</td><td>0.53</td><td></td><td>0.42</td><td>50</td><td>29.1</td><td>3.27</td></tr>
<tr><td>5^{-2} 号煤层平均值</td><td>35.73</td><td>0.57</td><td></td><td>0.69</td><td>59.3</td><td>52.5</td><td>8.92</td></tr>
</table>

条件表明神府矿区 5^{-2} 号煤层具有较高的直接液化潜力，加之神华液化煤所采用原料煤即为该区及邻近区域的煤，因而评价其具有较高的直接液化用煤潜力。然而，神府矿区 5^{-2} 号煤层也存在惰质组含量高、较大范围内氢碳原子比低于 0.7、挥发分小于 35%等客观事实，需要进一步细化评价各井田的特殊用煤潜力。经对比评价，认为矿区内直接液化用煤资源主要分布于孙家岔井田、红柳林井田、沙沟岔井田、柠条塔井田、新民普查区、石窑店井田、郭家湾井田和青龙寺井田等（图 3-21），由于氢碳原子比相对较低，大范围不足 0.7，且挥发分不足 35%，加之整个矿区的煤灰具有中—易熔、无黏结性、高热稳定性等特点，判定其他井田为适合常压固定床气化用煤。

神府矿区共划分为 13 个井田，除新民普查区外，其余都已建井开采，截至 2015 年底，全矿区累计资源储量为 1632583.2 万 t（表 3-12），保有资源量 1484501.4 万 t，基础储量 452873.3 万 t，资源量 922753.8 万 t，其中，2015 年产量约为 2832 万 t。

表 3-12　神府矿区煤炭资源勘查开发现状统计表

矿区	县市	勘查区(矿井)名称	成煤时代	勘查程度/开发状况	面积/km^2	利用情况	主要煤类	累计资源储量/万 t	保有资源量/万 t	基础储量/万 t	资源量/万 t	矿井类别	核定生产能力/万 t	2015 年产量/万 t	备注
神府矿区	神木	杨伙盘	J_2y	生产矿井	42.32	已利用	BN	34310.3	30345.1	1881.1	32429.2	井工			气化
		榆家梁	J_2y	生产矿井	145.41	已利用	BN	75725.1	40300.6	44285.6	43744.3	井工			气化
		柠条塔	J_2y	生产矿井	136.14	已利用	CY	275279.1	260771.5	10116.8	265162.3	井工			液化
		孙家岔	J_2y	生产矿井	78.32	已利用	BN	96365.4	89546	58144	38221.4	井工			液化
		张家峁	J_2y	生产矿井	145.59	已利用	BN	133091.2	122606.4	87666.5	45424.7	井工			液化
		红柳林	J_2y	生产矿井	158.93	已利用	BN	192823	185403			井工	1560	1050	气化
		石窑店	J_2y	生产矿井	103.88	已利用	BN	92506	90166.8	7575	8493.1	井工			气化
		新民普查区	J_2y	普查区	52.24	未利用	BN	246103.6	198410.6	154864.6	91239				气化
	府谷	郭家湾	J_2y	生产矿井	89.28	已利用	BN	154055.3	148020	4212	149843.3	井工			液化
		青龙寺	J_2y	生产矿井	60.52	已利用	BN	32481.1	32480	290.4	32190.7	井工	300	287	气化
		南梁	J_2y	生产矿井	34.90	已利用	BN	13016.3	10608.9	3719.4	9296.9	井工	400	395	气化
		沙沟岔	J_2y	生产矿井	78.51	已利用	BN	7743.6	6720.8	2392.3	5351.3	井工	210	204	气化
		三道沟	J_2y	生产矿井	236.08	已利用	CY	279083.2	269121.7	77725.6	201357.6	井工	900	896	气化
合计					1362.12			1632583.2	1484501.4	452873.3	922753.8		3370	2832	

注：BN 表示不黏煤；CY 表示长焰煤。

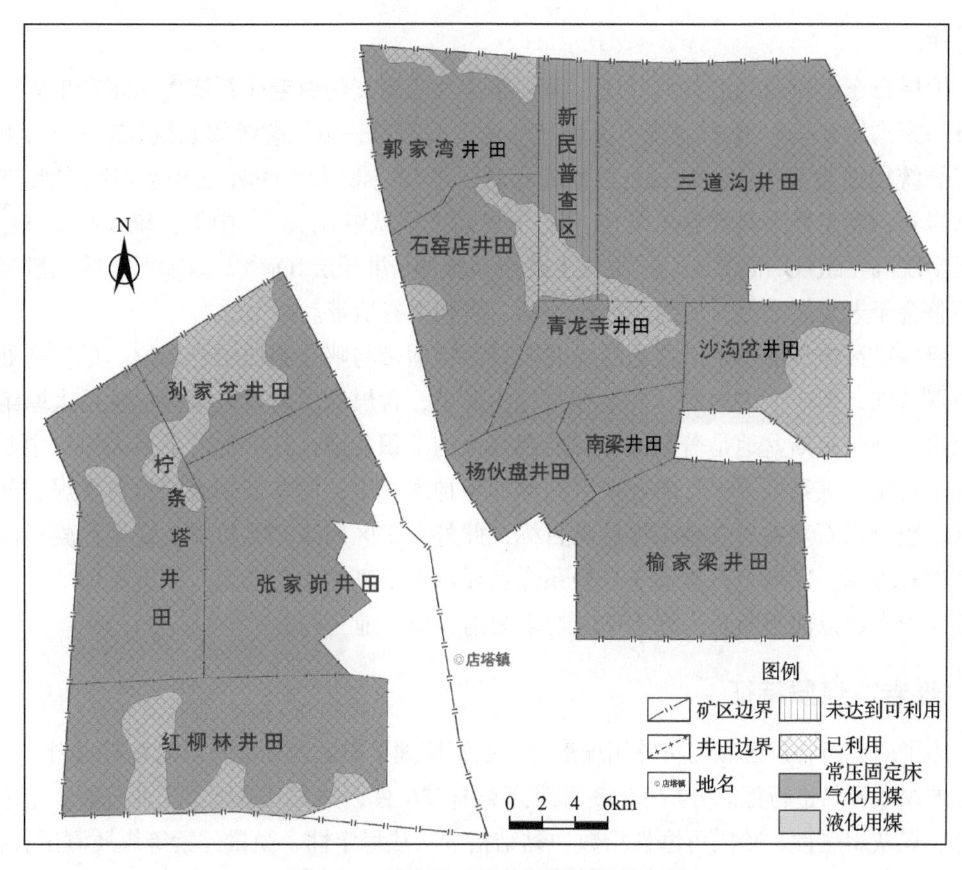

图 3-21　神府矿区特殊用煤资源分布图

依据各煤层煤岩煤质指标分析，神府矿区直接液化用煤资源主要分布于郭家湾井田、孙家岔井田、柠条塔井田、新民普查区、石窑店井田和青龙寺井田等(图 3-21)，其他井田为适合常压固定床气化用煤。截至 2015 年底，直接液化用煤保有资源量 620943.9 万 t；气化用煤资源保有资源量 863557.5 万 t。

第三节　府 谷 矿 区

一、矿区概况

陕北石炭纪—二叠纪煤田府谷矿区位于陕西省榆林市府谷县城北的高石崖至段寨之间，紧邻黄河西岸，北以黄河为界，南至府各县城，东至黄河西岸，西至墙头—高石崖挠褶带的东边界。矿区为南北向狭长条状展布，矿区东西长 6～8km，南北宽 36km，面积约 261.5km^2。开采煤层累计平均厚度 21m，地质储量 58.8 亿 t。矿区划分为 6 个井田，分别为：沙川沟、海则庙、冯家塔、西王寨、段寨、尧峁井田。段寨和沙川沟井田完成了勘探工作但未建井，尧峁井田于 2011 年完成了详查工作，并于 2018 年已进行勘探工作。

地层自东南向西北沿黄河西岸、海则庙沟及主要支沟由老而新依次出露古生界中奥陶统马家沟组(O_2m)、中石炭统本溪组(C_2b)、上石炭统—下二叠统太原组(C_2—P_1t),下—中二叠统山西组($P_{1\text{-}2}s$)、中—上二叠统石盒子组($P_{2\text{-}3}sh$)和中生界三叠系刘家沟组(T_1l)层状岩石;新生界上新统静乐组(N_2j)、下更新统午城组(Q_p^1w)、中更新统离石组(Q_p^2l)、上更新统马兰组(Q_p^3m)黏土、砂质黄土及全新统冲、洪积层(Q_h^{1al+pl}、Q_h^{2al+pl})等松散沉积物不整合于老地层之上,大面积分布于梁、峁和沟谷地带。

府谷矿区位于鄂尔多斯盆地东缘北段晋西挠褶带与陕北斜坡结合部位。尽管所处构造位置特殊,但矿区内地层、构造相对较为简单,含煤地层为石炭系—二叠系太原组和山西组。鄂尔多斯盆地是著名的多种能源共生的沉积盆地,其中上古生界天然气主要来源于上古生界煤系烃源岩,府谷矿区西部即为神木气田;而东部则为国家首批煤层气示范区,也是以石炭系—二叠系煤层为目标;此外,矿区周缘亦有较多上古生界凝析油、油气逸散显示。区域上石炭系—二叠系煤系显示出了高的生烃能力。矿区总体形态呈近南北向展布,以两组断裂为界将矿区切割为南、中、地三段。

二、煤岩、煤质特征

为了研究府谷矿区煤的特殊用煤潜力,系统梳理了矿区内 6 个井田的勘查资料,对各煤层的煤质资料进行汇总分析;补充采集了煤样 56 件,并对其进行了工业分析、全硫、灰分、煤灰熔融性、哈氏可磨性指数、黏结指数、热稳定性、微量元素等煤质测试分析。对于矿区内的主采煤层之一 4 号煤层的煤岩、煤质特征进行了深入解析,摸清了其平面分布特征;并于冯家塔井田对 4 号煤层进行了井下全煤层系统刻槽采样和主要煤质指标的化验,探究其垂向特征,以求更加立体地认识其特征,进而更加准确地评价其特殊用煤潜力。

(一)煤质特征

1. 工业分析

(1)水分:府谷矿区 4 号煤层原煤水分含量为 1.46%~12.01%,平均值为 4.47%(N=224);浮煤水分含量为 0.67%~7.93%,平均值为 3.55%(N=222)。

(2)灰分:府谷矿区 4 号煤层原煤灰分为 7.18%~40.75%,绝大部分大于 15%,平均值为 26.08%(N=224)。按《煤炭质量分级 第 1 部分:灰分》(GB/T 15224.1—2018)中煤炭资源评价灰分分级,府谷矿区 4 号煤层为低灰—高灰煤,主要为中—中高灰煤(图 3-22);平面上,矿区内大部分区域灰分大于 20%,小于 12%的区域仅零星分布在尧峁井田和段寨井田(图 3-23)。浮选后,灰分大幅下降,为 3.32%~14.25%,平均 8.27%(N=179)。垂向上变化较大,总体表现为上部灰分高于下部,上部基本上均大于 20%,近一半样品甚至接近 40%,下部多数小于 20%,但仍有两个样品超过 40%(图 3-24)。

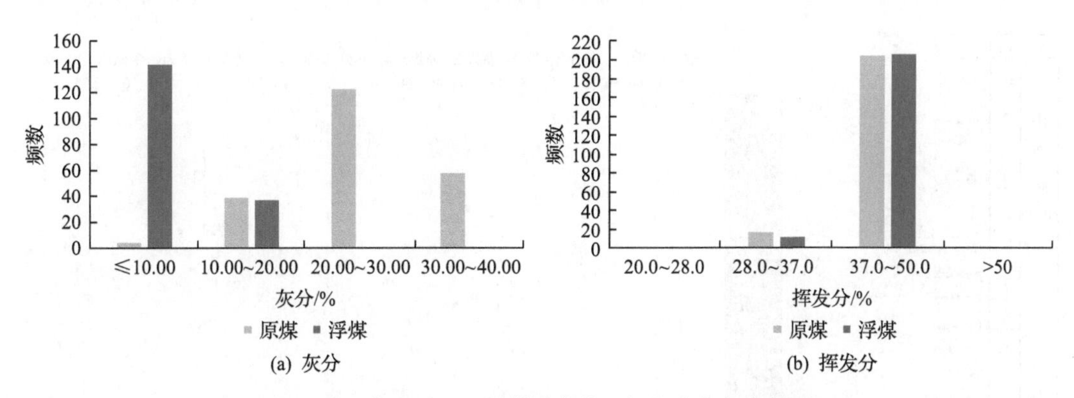

(a) 灰分　　(b) 挥发分

图 3-22　府谷矿区 4 号煤层灰分、挥发分分布直方图

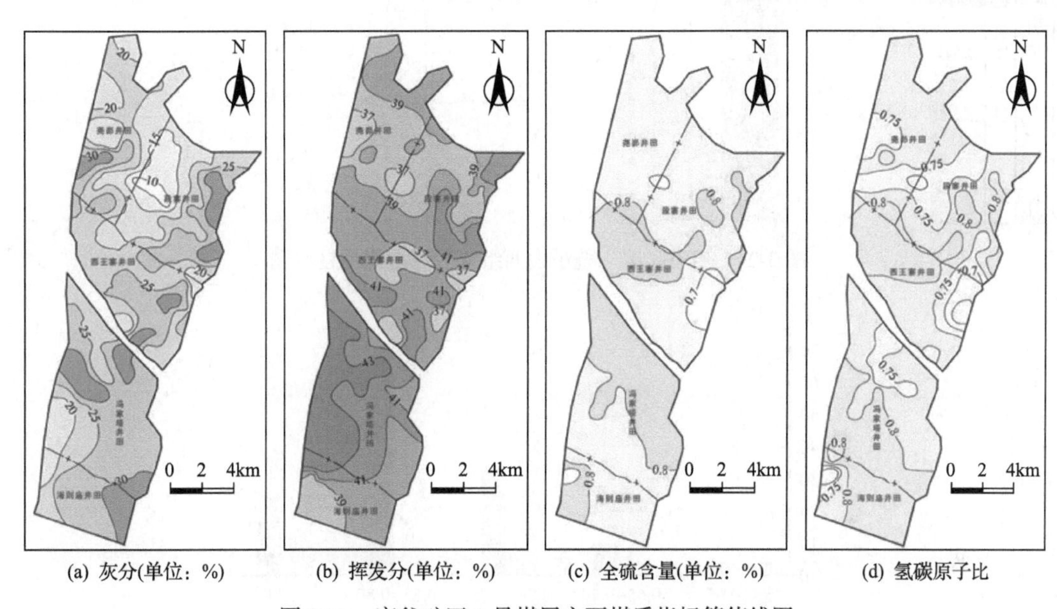

(a) 灰分(单位：%)　(b) 挥发分(单位：%)　(c) 全硫含量(单位：%)　(d) 氢碳原子比

图 3-23　府谷矿区 4 号煤层主要煤质指标等值线图

(3)挥发分：府谷矿区 4 号煤层原煤挥发分介于 33.82%～46.46%，绝大部分大于 37.0%，平均值为 40.40%(N=221)。按《煤的挥发分产率分级》(MT/T 849—2000)，府谷矿区 4 号煤层属高挥发分煤(图 3-22)；平面上，绝大部分区域挥发分大于 37%，且有较大区域超过了 41%，仅北部西王寨、段寨井田两个小区域小于 37%，位置上与低灰区域近一致；挥发分在垂向上表现稳定，基本在 40%附近变化。浮煤挥发分为 36.91%～47.43%，平均值为 40.76%(N=217)，浮选后挥发分基本保持不变。

(4)氢碳原子比：府谷矿区 4 号煤层原煤氢碳原子比为 0.55～0.93，平均值为 0.78，浮选后总体略微升高(图 3-25)。平面上绝大部分区域氢碳原子比大于 0.70，甚至较大区域大于 0.8，仅零星区域小于 0.7；垂向上，冯家塔井田 4 号煤层氢碳原子比基本在 0.75 左右微浮动，仅下部高灰分样品的氢碳原子比明显高于其他部分，这显然是无机矿物中的高氢含量所引起的。

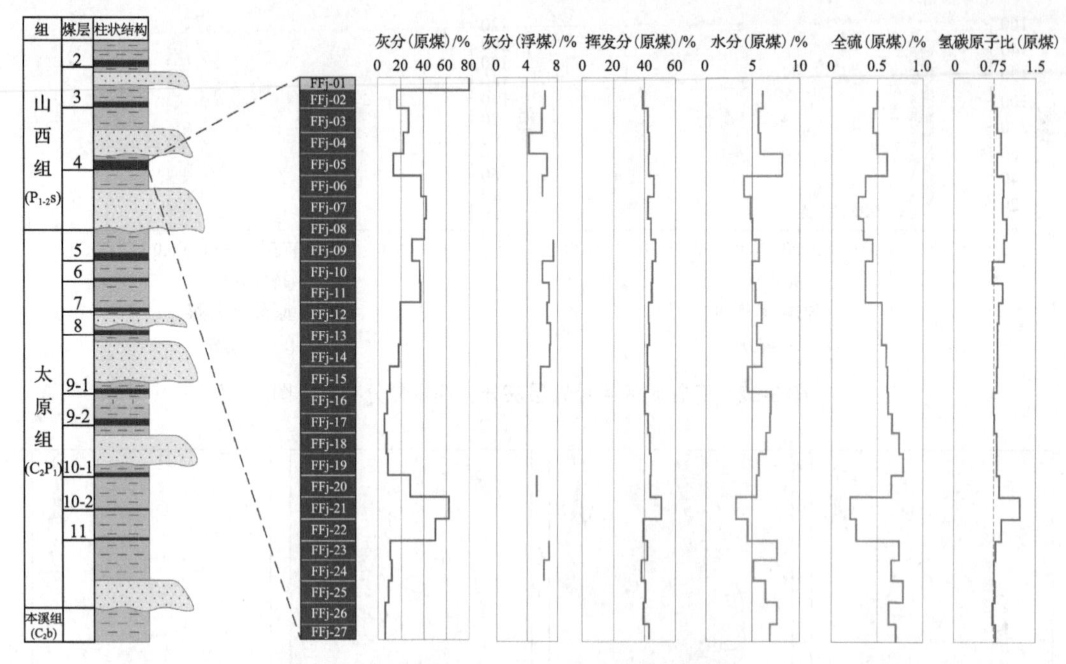

图 3-24　府谷矿区二叠系山西组 4 号煤层煤质柱状图

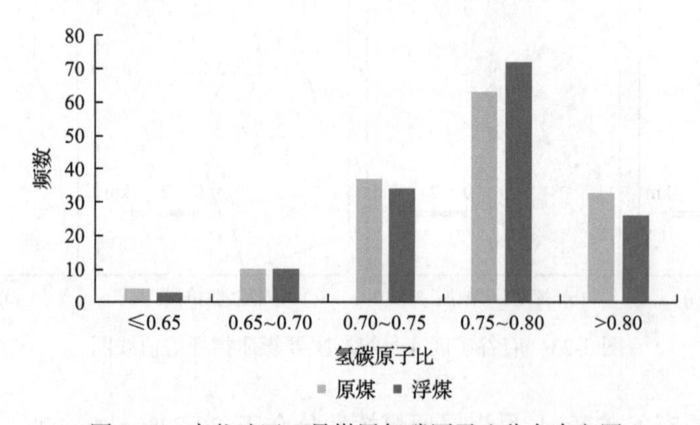

图 3-25　府谷矿区 4 号煤层氢碳原子比分布直方图

2. 全硫含量

府谷矿区 4 号煤层原煤全硫含量为 0.17%～3.01%，绝大部分小于 1.0%，平均值为 0.60%（N=222），浮煤全硫含量介于 0.57%～1.31%，平均值为 0.59%。

按《煤炭质量分级 第 2 部分：硫分》（GB/T 15224.2—2018）中煤炭资源评价硫分分级，府谷矿区 4 号煤层原煤主要为特低硫煤，其次为低硫煤，少部分为中硫煤；洗选后，浮煤绝大部分为低硫煤，部分为特低硫煤（图 3-26）。平面上，绝大部分区域全硫含量小于 1.00%，为特低—低硫煤，仅冯家塔井田、尧茆井田局部区域全硫含量大于 1.00%。总体上，矿区内全硫含量相对较低且分布稳定（图 3-23）。垂向上，全硫含量变化较小，在 0.5%左右浮动，总体曲线形态与原煤灰分相反，显示出较高的负相关性。

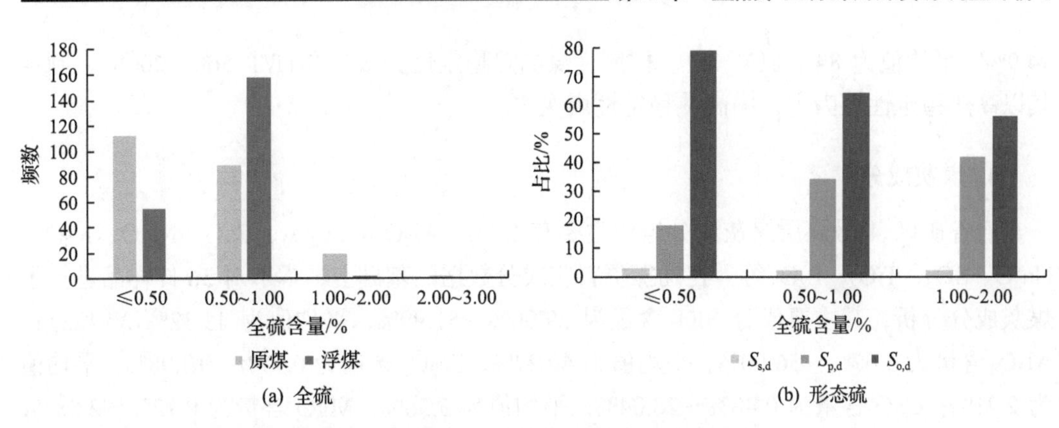

图 3-26　府谷矿区 4 号煤层全硫含量分布直方图

府谷矿区 4 号煤层原煤中各形态硫对全硫含量的贡献值以有机硫为主，硫化铁硫次之，硫酸盐硫贡献值最低；全硫含量不同的煤其形态硫的占比也具有较明显的变化规律，当全硫含量≤0.50%，即为特低灰硫时，有机硫占比最高，平均值为 79.42%，而硫化铁硫占比达到最低，为 18.49%；随着全硫含量的增大，硫化铁硫占比增大，而有机硫占比减少；中硫煤(全硫含量介于 1.00%～2.00%)中，硫化铁硫占比达到 42.25%，而硫酸盐硫和有机硫分别下降至 1.68%和 56.25%(图 3-26)。

3. 工艺性能

(1)煤灰熔融性：煤灰熔融性是影响煤炭气化的重要因素之一，同时也是煤炭气化炉工艺设计的重要指标。根据府谷矿区煤质数据统计，4 号煤层的煤灰熔融性范围为 920～>1500℃，平均为 1457℃(*N*=66)。参考煤灰熔融性范围易熔灰分(ST<1160℃)、中熔灰分(ST 为 1160～>1350℃)、难熔灰分(ST 为 1350～>1500℃)，可确定府谷矿区煤灰以难熔灰为主，占 92.3%，含少量中熔灰分(图 3-27)。

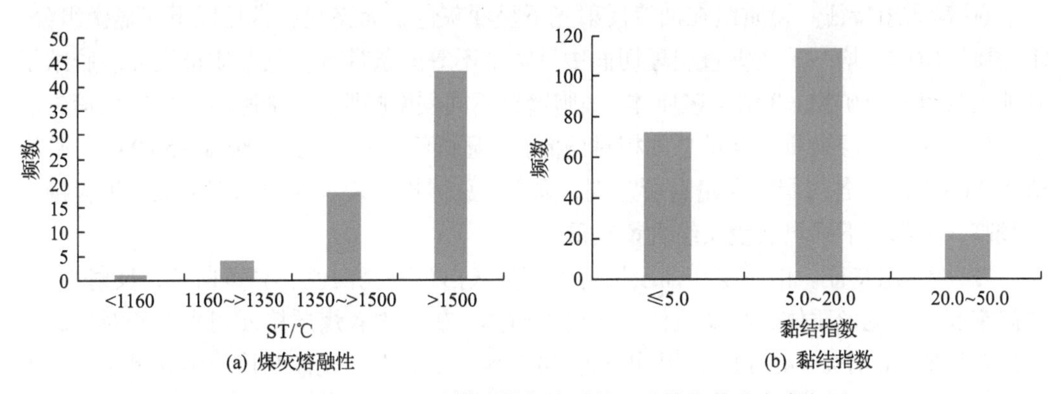

图 3-27　府谷矿区 4 号煤层煤灰熔融性和黏结指数分布直方图

(2)煤的黏结指数：根据煤质数据统计，府谷矿区 4 号煤层的黏结指数为 0～31，平均值为 9.38(*N*=208)，以弱黏结煤为主，其次为不黏结煤，中黏结煤最少(图 3-27)。

(3)煤的热稳定性：根据府谷矿区煤质数据统计，4 号煤层的热稳定性为 70.6%～

94.9%，平均值为 84.7%(N=12)。按照《煤的热稳定性分级》(MT/T 560—2008)，判定其以高热稳定性煤为主，中高热稳定性煤次之。

4. 煤灰成分

府谷矿区 4 号煤层煤灰成分组成主要有 SiO_2、Al_2O_3、Fe_2O_3、CaO、MgO、K_2O、Na_2O、SO_3、TiO_2、P_2O_5 等。在勘探资料灰成分数据的基础上，本节对 56 件样品进行了煤灰成分分析，其主要成分 SiO_2 含量为 29.00%～51.99%，平均值为 43.32%(N=123)；Al_2O_3 含量为 3.67%～56.60%，平均值为 40.27%；Fe_2O_3 含量为 0.77%～13.98%，平均值为 2.21%；CaO 含量为 0.48%～28.04%，平均值为 5.56%；MgO 含量为 0.12%～2.08%，平均值为 0.72%；SO_3 含量为 0.09%～8.03%，平均值为 2.38%。总体上以硅铝酸盐氧化物为主，碱性氧化物次之。

(二)煤岩特征

1. 宏观煤岩特征

府谷矿区内各煤层煤的物理性质变化不大，均为黑色，条痕呈褐黑色，沥青或玻璃光泽，阶梯状、参差状断口，硬度中等，性较脆，内生、外生裂隙不发育—较发育。条带状结构，层状构造。各煤层煤岩组分以暗煤为主，亮煤次之，镜煤及丝炭较少。各煤层宏观煤岩类型总体为半暗型。

2. 显微煤岩特征

显微煤岩组分中有机显微组分占 78.01%～89.44%，以镜质组和惰质组为主，壳质组含量相对较低；无机显微组分占 10.56%～21.99%，以黏土矿物为主，其次为碳酸盐、硫化物类矿物。

(1)镜质组特征。镜质组在油浸反射光下呈深灰色，无突起，常见以下亚显微组分：①均质镜质体。均一、在垂直层理切面中呈宽窄不等的条带状。②基质镜质体。胶结了其他显微组分及矿物。③结构镜质体。细胞壁经不同程度膨胀后，细胞腔变形区已消失。府谷矿区内各煤层镜质组含量总体相对偏低，占显微组分总量的 36.80%～56.27%，平均值为 44.34%，且各煤层间含量有所差别，垂向上总体规律表现为中部煤层镜质组含量相对较高，上部、下部煤层镜质组含量较低。

(2)惰质组特征。惰质组在油浸反射光下为灰白色—亮白色、亮黄白色，反射力强，中高突起，常见丝质体、半丝质体、碎屑惰质体。矿区内各煤层惰质组含量相对较高，占总含量的 26.87%～43.80%，平均值为 34.73%，垂向上的规律与镜质组含量相反，中部煤层含量较低，上部、下部煤层含量相对较高。

(3)壳质组特征。壳质组在油浸反射光下为灰黑色，中高突起，常见小孢子体，小孢子体长轴小于 100μm，呈蠕虫状单个个体出现。矿区内各煤层壳质组含量均较低，介于 2.54%～7.10%，平均值为 4.64%(表 3-13)。

表 3-13　府谷矿区各主采煤层显微组分定量分析统计结果　　(单位：%)

煤层	有机显微组分			无机显微组分			$R_{o,max}$
	镜质组	惰质组	壳质组	黏土矿物	硫化物矿物	碳酸盐矿物	
2号	47.05	33.275	4.85	9.30	1.35	4.175	0.595
3号	42.96	33.25	5.52	15.32	0.85	2.10	0.608
4号	44.02	33.07	4.40	14.87	0.85	2.79	0.59
5号	56.27	26.87	4.07	11.39	0.20	1.20	0.594
6号	52.84	29.97	5.19	9.20	0.75	2.05	0.61
7号	47.60	37.03	4.81	7.52	0.74	2.30	0.60
8号	36.80	41.08	4.49	14.34	1.15	2.14	0.61
9号	40.32	35.56	3.42	17.35	0.56	2.79	0.61
10^{-1}号	37.96	43.80	2.54	11.64	0.91	3.15	0.62
11号	37.53	33.38	7.10	17.20	3.16	1.63	0.59

(4)矿物：黏土矿物在普通反射光下为暗灰色，油浸反射光下为灰黑色，低突起，表面不平整光滑，呈团块状及微粒聚合体形态。硫化物类的黄铁矿在普通反射光下为黄白色，突起很高，表面平整，在正交偏光下为全消光，呈脉状充填裂隙。黏土矿物为煤岩无机组分的主要成分，含量介于7.52%～17.35%，占无机总量的62.7%～89.1%。黏土矿物中高岭石含量高，矿区内含煤地层的高岭土含量也较高，达到工业品位。碳酸盐矿物普通反射光下为灰色，低突起，表面平整光滑，强非均质性，呈块状体充填胞腔及裂隙。矿区内煤岩中硫化物矿物含量亦较低，介于0.20%～3.16%，占无机总量的1.56%～14.37%。硫化物矿物在普通反射光下为黄白色，突起很高，表面平整，在正交偏光下为全消光，呈脉状充填裂隙。碳酸盐类的方解石在普通反射光下为灰色，低突起，表面平整光滑，强非均质性，呈块状体及充填胞腔及裂隙。矿区内煤岩中碳酸岩矿物含量较低，介于1.20%～4.175%，占无机总量的7.4%～28.2%。

上述各煤岩显微组分特征表明，府谷矿区无机矿物含量较高，这与高灰分有关。有机组分总体上以镜质组和惰质组为主，含矿物基镜质组含量多大于40%，惰质组多小于30%，镜惰比多大于1，仅8号煤和11号煤层镜惰比小于1。

(5)煤的镜质组平均最大反射率：根据前人资料及本节数据，府谷矿区4号煤层的镜质组平均最大反射率为0.59%～0.62%，平均值为0.60%，矿区内镜质组平均最大反射率基本稳定在这一范围，变化幅度很小，属于Ⅰ-Ⅱ煤化程度，即为低煤化度烟煤。

3. 煤相

早二叠世受区域构造应力场的影响，鄂尔多斯盆地北缘明显抬升的同时，南缘也略有翘隆抬升，海水自北向南开始逐渐退出华北古陆，形成自北而南由河流(河曲、府谷、保德)—三角洲平原—三角洲前缘(柳林)—浅湖(乡宁)—三角洲(韩城、铜川)构成的古地理格局，此时北部的阴山、南部的秦岭皆为物源区，但北部物源占绝对优势。

煤相是煤的原始成因类型，它取决于泥炭形成的环境，不同成煤环境的泥炭沼泽中具有不同的植物组合，不同煤岩类型的煤由不同的聚煤环境所致。煤相或泥炭沼泽形成时的环境主要取决于泥炭沼泽形成时的沉积环境、营养供给和造泥炭植物群落等因子。刘大猛等从宏观煤岩标志、显微煤岩成因参数、显微结构-构造、显微煤岩类型出发，将我国西北地区的煤系煤相划分为：森林泥炭沼泽相、干燥泥炭沼泽相、活水泥炭沼泽相、开阔水体相四种类型。张松航研究认为府谷矿区 5 号煤层以发育干燥泥炭沼泽相为主，间或发育过渡泥炭沼泽相、活水泥炭沼泽相；而 2 号煤层多发育森林泥炭沼泽相、过渡泥炭沼泽相，偶见干燥泥炭沼泽相(表 3-14)，可见从 5 号煤层发育期至 2 号煤层发育期其聚煤环境逐渐变得湿润。

表 3-14　府谷矿区煤相参数计算表

样品号	煤层	GI	TPI	*V/I*	煤相
7	5 号	2.9	0.3	2.7	干燥泥炭沼泽相
8	2 号	151	61.3	129.4	森林泥炭沼泽相

4. 微量元素

府谷矿区煤中微量元素相对较为富集，根据本次工作所采取的 2 号煤层、4 号煤层、9 号煤层的三个样品分析，煤中 Ga、In、Hf、Pb 等元素含量超过中国煤中平均含量，富集系数分别为 1.21、1.21、1.85、1.14(表 3-15)，但没有达到伴生矿产工业要求的元素。

表 3-15　府谷矿区微量元素统计表

元素	FFj-14/(μg/g)	FFj-34/(μg/g)	FHZ-06/(μg/g)	平均值/(μg/g)	中国煤(代)/(μg/g)	CC
Li	33.12	4.24	37.97	25.11	31.8	0.79
Be	1.27	0.75	1.39	1.14	2.11	0.54
Co	5.84	3.46	0.95	3.42	7.08	0.48
Ni	8.61	7.07	4.38	6.69	13.7	0.49
Ga	8.96	5.35	9.51	7.94	6.55	1.21
Rb	2.00	0.71	1.92	1.54	9.25	0.17
Nb	8.23	5.33	5.35	6.30	9.44	0.67
Mo	1.87	3.14	1.23	2.08	3.08	0.68
Cd	0.09	0.05	0.13	0.09	0.25	0.36
In	0.06	0.05	0.06	0.06	0.047	1.21
Sb	0.14	0.31	0.08	0.18	2.11	0.08
Sc	2.91	2.31	2.36	2.53	4.38	0.58
Ba	31.08	43.46	53.04	42.53	159	0.27
Cr	13.29	18.79	4.69	12.26	15.4	0.80
Cu	12.11	11.71	3.21	9.01	17.5	0.51
Hf	10.01	5.53	5.01	6.85	3.71	1.85
Ta	0.78	0.40	0.41	0.53	0.62	0.85

续表

元素	FFj-14/(μg/g)	FFj-34/(μg/g)	FHZ-06/(μg/g)	平均值/(μg/g)	中国煤(代)/(μg/g)	CC
W	0.73	1.60	0.49	0.94	1.08	0.87
Tl	0.33	0.22	0.61	0.39	0.47	0.82
Pb	13.66	14.83	23.18	17.22	15.1	1.14
Bi	0.22	0.19	0.22	0.21	0.79	0.27
Th	8.22	6.45	5.87	6.85	5.84	1.17
U	1.88	2.02	1.56	1.82	2.43	0.75
Sr	53.30	58.01	138.95	83.42	140	0.60
V	11.31	14.03	4.83	10.06	35.1	0.29
Zn	30.54	18.17	5.50	18.07	41.4	0.44
Y	16.97	16.74	9.57	14.43	18.2	0.79
Cs	0.55	0.31	0.57	0.48	1.13	0.42
La	33.17	24.64	9.81	22.54	22.5	1.00
Ce	59.11	35.38	18.49	37.66	46.7	0.81
Pr	6.18	3.87	2.16	4.07	6.42	0.63
Nd	22.69	13.71	7.21	14.54	22.3	0.65
Sm	3.94	2.29	1.31	2.51	4.07	0.62
Eu	0.49	0.17	0.04	0.23	0.84	0.28
Gd	3.39	2.24	1.29	2.31	4.65	0.50
Tb	0.57	0.40	0.25	0.41	0.62	0.66
Dy	3.38	2.64	1.62	2.55	3.74	0.68
Ho	0.66	0.56	0.33	0.52	0.96	0.54
Er	1.79	1.56	0.88	1.41	1.79	0.79
Tm	0.28	0.26	0.14	0.23	0.64	0.35
Yb	1.90	1.71	0.87	1.49	2.08	0.72
Lu	0.27	0.25	0.14	0.22	0.38	0.58

三、特殊用煤资源

府谷矿区共划分为6个井田，截至2015年底，全矿区累计资源储量为588145.8万t，保有资源量585110.5万t，基础储量477.9万t，资源量587667.9万t，其中，2015年产量约为800万t(表3-16)。

表3-16　府谷矿区煤炭资源勘查开发现状统计表　　(单位：万t)

矿区	勘查区(矿井)名称	勘查程度/开发状况	利用情况	主要煤类	累计资源储量	保有资源量	基础储量	资源量	核定生产能力	2015年产量	备注
府谷矿区	冯家塔	生产矿井	已利用	CY	114981.1	112228.1	106.2	114874.9	600	800	液化
	海则庙	在建井	未利用	CY	20422.5	20422.5		20422.5	150	0	液化
	西王寨	普查区	未利用	CY	125438.6	125438.6		125438.6			液化

续表

矿区	勘查区(矿井)名称	勘查程度/开发状况	利用情况	主要煤类	累计资源储量	保有资源量	基础储量	资源量	核定生产能力	2015年产量	备注
府谷矿区	段寨	勘探区	未利用	CY	161126.9	161126.9		161126.9			液化
	尧峁	详查区	未利用	CY	150214.7	150214.7		150214.7			液化
	沙川沟	勘探区	已利用	CY	15962	15679.7	371.7	15590.3			液化
合计					588145.8	585110.5	477.9	587667.9	750	800	

注：CY表示长焰煤。

依据各煤层煤岩煤质指标分析，截至2015年底，府谷矿区(图3-28)直接液化用煤保有资源量585110.5万t，基础储量477.9万t，资源量587667.9万t，其中2015年产量为800万t。

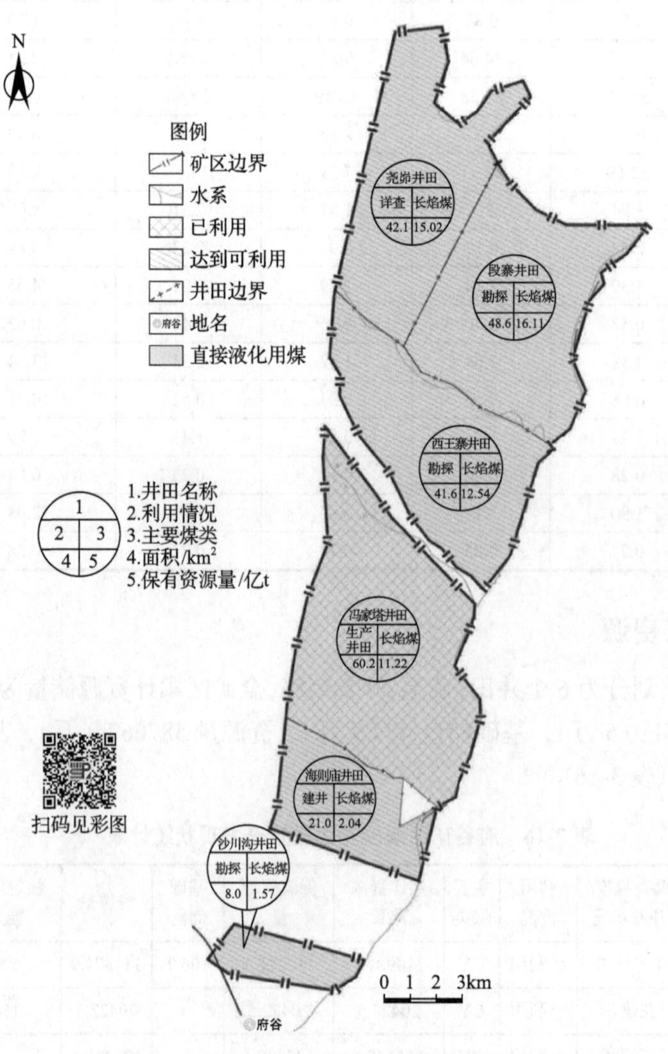

图3-28　府谷矿区特殊用煤资源分布图

不足 35%，加之整个矿区的煤灰具有中—易熔、无黏结性、高热稳定性等特点，判定各井田其他区域为适合常压固定床气化用煤。

榆神矿区共划分为 12 个井田，均已建井开采，2015 年产量约为 3370 万 t。矿区内主采煤层为 5^{-2} 号煤层，资源量占矿区总资源量的 36.9%，其余 4^{-2} 号煤层、3^{-1} 号煤层、2^{-2} 号煤层资源量分别占总资源量的 14.1%、21.9%、27.1%。因而，这四层煤的评价足以代表整个矿区特殊用煤的资源状况。

依据各煤层煤岩煤质指标分析，经估算，截至 2015 年底，榆神矿区直接液化用煤保有资源储量 66.39 亿 t；气化用煤资源保有资源量 56.65 亿 t。

第五节　吴堡矿区

一、矿区概况

吴堡矿区位于陕西省吴堡县北部，沿黄河呈长条状南北向分布于黄河西岸，南起吴堡县城，北至丁家湾乡，东以黄河为界，西至寇家塬—幕家塬一线，南北长约 26km，东西宽 2.5～5.5km，总面积约 93.1km^2，可划分为柳壕沟井田和横沟井田。矿区大地构造位置属于鄂尔多斯盆地东部边缘地带，构造简单，总体表现为一套走向近南北、向西缓倾斜的单斜构造，断层及褶皱数量少、规模小。

含煤地层为上石炭统—下二叠统太原组与下—中二叠统山西组，矿区可采煤层 6 层，包括太原组 t1 上、t1、t3 号煤层，山西组 S1、S2、S3 号煤层，其中山西组 S1 号煤层为主要可采煤层。煤类以焦煤为主，其次为瘦煤和肥煤。

二、煤岩、煤质特征

本节收集了吴堡矿区两个井田的钻孔煤质资料和勘探地质报告，分析整理了全部钻孔的各项煤岩煤质测试化验数据，较全面地掌握了该矿区的煤岩、煤质特征（表 3-21）。

表 3-21　吴堡矿区 S1 号煤工业分析及全硫含量测试分析统计结果

工业分析										全硫含量/%	
原煤全水分/%	水分/%		灰分/%		挥发分/%		氢碳原子比				
	原煤	浮煤	原煤	浮煤	原煤	浮煤	原煤	浮煤	原煤	浮煤	
	0.75[a]	0.73	20.13	9.30	27.20	20.07	0.69	0.66	0.54	0.59	
	0.19～4.47[b]	0.24～4.46	9.96～37.39	3.82～17.50	19.56～32.61	17.65～38.08	0.60～0.79	0.50～0.71	0.17～2.39	0.23～2.36	

a 表示平均值。

b 表示取值范围。

(一)煤质特征

1. 工业分析

(1)水分：吴堡矿区 S1 号煤层原煤水分含量为 0.19%～4.47%，平均值为 0.75%(*N*=77)；浮煤水分含量为 0.24%～4.46%，平均值为 0.73%。

(2)灰分：吴堡矿区 S1 号煤层原煤灰分为 9.96%～37.39%，平均值为 20.13%(*N*=77)；浮煤灰分为 3.82%～17.50%，平均值为 9.3%。

按《煤炭质量分级 第 1 部分：灰分》(GB/T 15224.1—2018) 中煤炭资源评价灰分分级，吴堡矿区 S1 号煤层主要为低灰煤，其次为中灰煤，少量为特低灰煤和中高灰煤；洗选后，灰分大部分小于 10%(图 3-38)。平面上，全区原煤灰分中低灰煤占大部分面积，而矿区南部柳壕沟井田中灰煤占更大面积，吴堡矿区 S1 号煤层原煤灰分总体变化趋势表现为由南向北减少的趋势(图 3-39)。

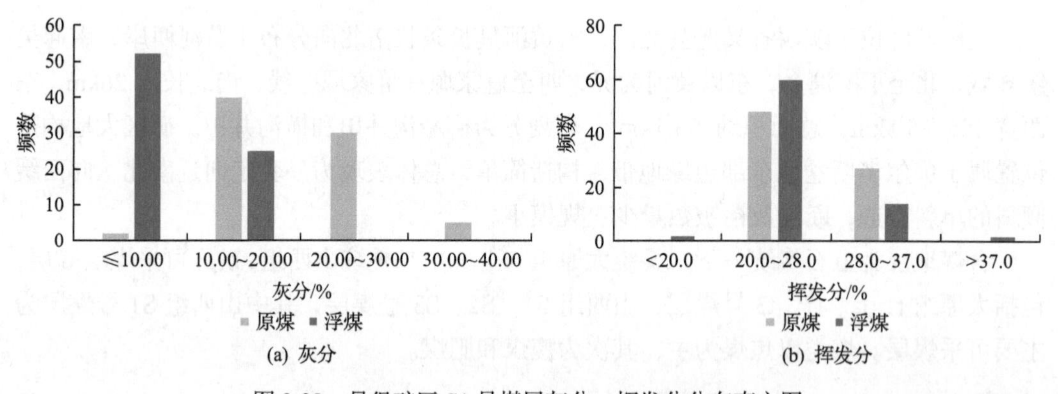

图 3-38 吴堡矿区 S1 号煤层灰分、挥发分分布直方图

(3)挥发分：吴堡矿区 S1 号煤层原煤挥发分为 19.56%～32.61%，平均值为 27.20%(*N*=75)；浮煤挥发分为 17.65%～38.08%，平均值为 20.07%。

按《煤的挥发分产率分级》(MT/T 849—2000)，吴堡矿区 S1 号煤层原煤挥发分主要分布在 20.0%～28.0%，其次为 28.1%～37.0%，即以中等挥发分煤为主，其次为中高挥发分煤；浮选后挥发分更加集中，中挥发分煤的比例相对增加(图 3-39)。

(4)氢碳原子比：吴堡矿区 S1 号煤层原煤氢碳原子比为 0.60～0.79，平均值为 0.69(*N*=39)，大部分分布在 0.65～0.75；浮煤氢碳原子比为 0.50～0.71，平均值为 0.66，浮选后氢碳原子比下降明显，大部分集中在 0.65～0.70(图 3-40)。原煤与浮煤之间氢碳原子比的差距表明区内无机矿物对原煤氢元素影响较大。

2. 硫、磷含量

(1)全硫含量：吴堡矿区 S1 号煤层原煤全硫含量为 0.17%～2.39%，平均值为 0.54%(*N*=76)；浮煤全硫含量为 0.23%～2.36%，平均值为 0.59%(*N*=76)。按《煤炭质量

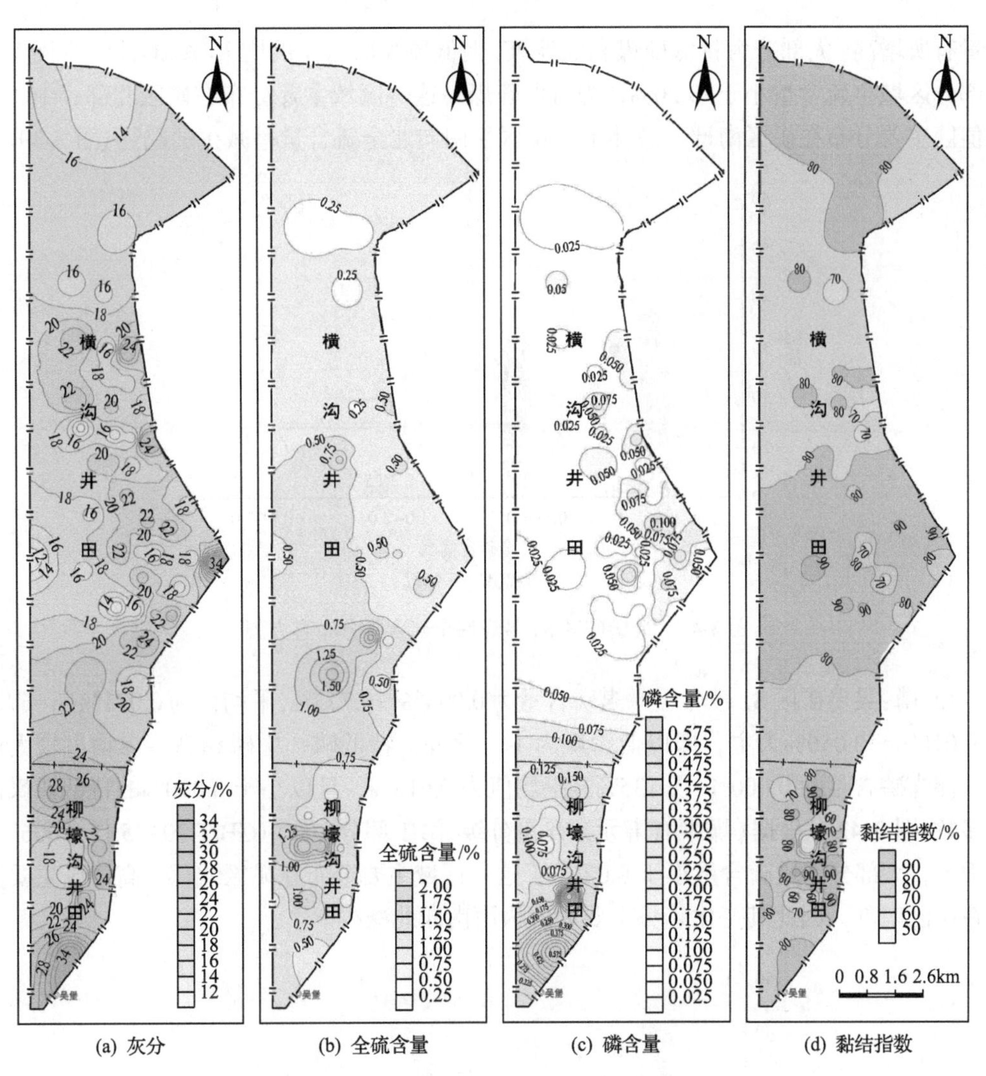

(a) 灰分 (b) 全硫含量 (c) 磷含量 (d) 黏结指数

图 3-39 吴堡矿区 S1 号煤层主要煤质平面分布图

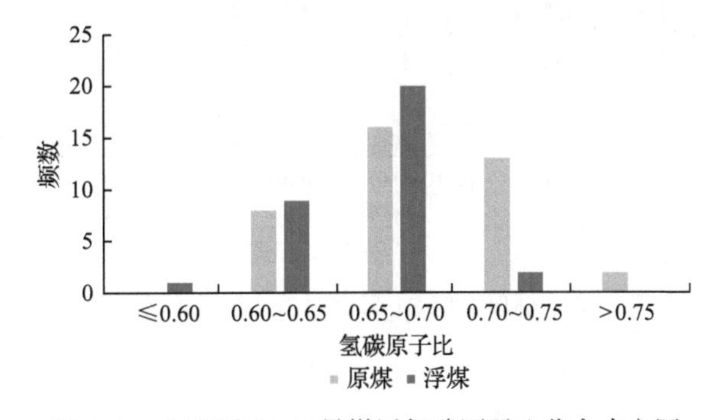

图 3-40 吴堡矿区 S1 号煤层氢碳原子比分布直方图

分级 第 2 部分：硫分》(GB/T 15224.2—2018) 中煤炭资源评价硫分分级，吴堡矿区 S1 号煤层主要为特低硫煤，其次为低硫煤，少部分为中硫、中高硫煤；洗选后，浮煤全硫含量有所增高，大部分为特低硫煤和低硫煤，但低硫煤所占比例增大(图 3-41)。平面上，大部分区域全硫含量小于 0.50%，为特低硫煤，这一区域主要分布在矿区北部；中、高硫值区主要分布在矿区南部。总体上，矿区由南向北全硫含量呈减少的趋势(图 3-39)。

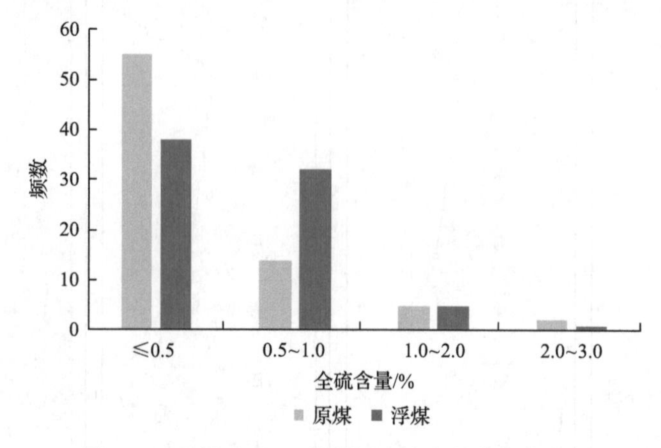

图 3-41　吴堡矿区 S1 号煤层全硫含量分布直方图

(2)磷：吴堡矿区 S1 号煤层原煤磷含量为 0.004%～0.773%，平均值为 0.071%(*N*=67)，以 0.010%～0.050%为主，即以低磷煤为主，此外，特低磷、中磷和高磷煤均占较大比例；浮煤磷含量为 0.000%～0.135%，平均值为 0.018%，且以小于 0.010%的特低磷煤占大多数(图 3-42)。根据《煤中有害元素含量分级 第 1 部分：磷》(GB/T 20475.1—2006)，平面上，大部分区域磷含量小于 0.025%，这一区域主要分布在矿区北部，高值区主要分布在矿区南部，因此其变化趋势主要表现为由南向北减少。

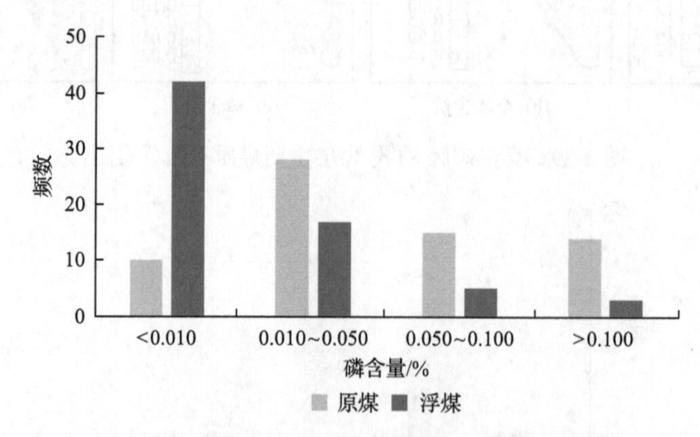

图 3-42　吴堡矿区 S1 号煤层磷含量分布直方图

3. 工艺性能

(1)煤灰熔融性：根据吴堡矿区煤质数据统计，S1 号煤层的煤灰熔融性范围为 1120～＞1500℃，且绝大部分＞1400℃。参考煤灰熔融温度范围易熔灰分(煤灰熔融性＜1160℃)、中熔灰分(煤灰熔融性为 1160～＞1350℃)、难熔灰分(煤灰熔融性为 1350～＞

1500℃）；可确定吴堡矿区 S1 号煤层煤灰以难熔灰为主，占 81.6%，其次为中熔灰，占 13.2%，少量为易熔灰(图 3-43)。

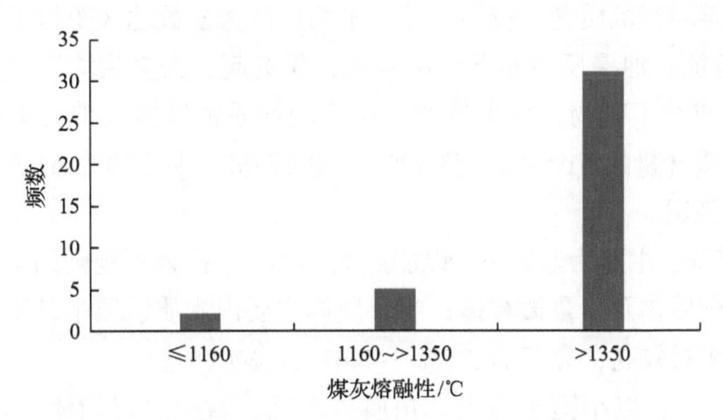

图 3-43　吴堡矿区 S1 号煤层煤灰熔融性分布直方图

(2)煤的热稳定性：吴堡矿区煤质数据统计结果表明，S1 号煤层的热稳定性为 92.2%～93.5%，平均值为 92.6%。按照《煤的热稳定性分级》(MT/T 560—2008)，吴堡矿区 S1 号煤层属于高热稳定性煤。

(3)煤的黏结指数：吴堡矿区煤质数据统计的 S1 号煤层的黏结指数为 15.9～100.7，平均值为 79.5(*N*=70)。平面上，大部分区域黏结指数介于 70～90，属强黏结煤，其在北部横沟井田分布较均匀而在南部柳壕沟井田变化较大且整体相对较低，总体上呈北高南低的趋势(图 3-39)。

4. 煤灰成分

吴堡矿区 S1 号煤层煤灰成分组成主要有 SiO_2、Al_2O_3、Fe_2O_3、CaO、MgO、K_2O、Na_2O、SO_3、TiO_2、P_2O_5等。根据勘探资料分析，吴堡矿区 S1 号煤层煤灰主要成分 SiO_2 含量为 42.05%～57.94%，平均值为 51.36%(*N*=40)；Al_2O_3 含量为 22.60%～43.85%，平均值为 35.91%；Fe_2O_3 含量为 1.88%～25.14%，平均值为 5.12%；CaO 含量为 0.41%～6.33%，平均值为 2.01%；MgO 含量为 0.32%～1.55%，平均值为 0.66%。SO_3 含量为 0.00%～1.45%，平均值为 1.03%。总体上以硅铝酸盐氧化物为主，碱性氧化物含量较低。

(二)煤岩特征

1. 宏观煤岩特征

吴堡矿区 S1 号煤层颜色为黑色，条痕呈褐色、褐黑色，沥青光泽—玻璃光泽，少量呈金刚光泽；常见阶梯状、参差状断口。硬度小，性极脆，挤压多呈粉末状。内生、外生裂隙较发育—极发育；条带状结构，层状构造。煤岩组分以亮煤、镜煤为主，含少量暗煤，镜煤多以条带状、线理状出现，组成了煤层的条带状结构和层状构造。宏观煤岩类型以半亮型和光亮型为主。

2. 显微煤岩特征

吴堡矿区各煤层有机质含量较高，综合平均值绝大多数达85%以上。

(1)镜质组特征：油浸反射光下呈深灰色，无突起，大多为均匀基质镜质体，胶结了其他显微组分或共生矿物，含少量宽窄不等的均质镜质体条带。矿区内煤中镜质组含量占煤中有机质含量的51.59%～73.49%(去矿物基)，平均值为61.33%，这一特征在矿区内分布较为稳定。

(2)惰质组特征：主要为丝质体，以胞腔大小不一、排列不规则的木质镜质丝质体为主，其次为碎屑丝质体及少量微粒体；半丝质体主要由木质镜质半丝质体组成。矿区内煤中惰质组含量相对较高，介于24.05%～48.41%(去矿物基)。

(3)壳质组特征：以小孢子为主，角质体次之，含少量树脂体；含量为 0.00%～2.46%(表3-22)。

表3-22　吴堡矿区S1号煤层显微组分定量分析统计结果　　(单位：%)

钻孔编号	去矿物基			$R_{o,max}$
	镜质组	惰质组	壳质组	
ZK204	55.62	44.38	0	1.17
ZK803	51.59	48.41	0	1.11
ZK1101	73.49	24.05	2.46	1.13
ZK1103	63.27	36.73	0	1.20
ZK1502	62.69	36.65	0.66	1.14

(4)矿物：主要包括黏土矿物、硫化物和碳酸岩类矿物。黏土矿物在普通反射光下呈暗灰色、土灰色，油浸反射光下为灰黑色，低突起，表面呈微粒、透镜状、微细条带状，大的团块状赋存在基质镜质体中，部分充填在细胞胞腔中。硫化物主要为呈亮黄色的黄铁矿，表面为蜂窝状，多以结核状、莓粒状、细分散状赋存在基质镜质体中，少量充填在裂隙中。碳酸岩类矿物主要为方解石，表面光滑平整，充填于胞腔或赋存于基质镜质体中。

(5)煤的镜质组平均最大反射率：根据前人资料及本次工作的测定，吴堡矿区S1号煤层镜质组平均最大反射率为1.11%～1.20%，平均值为1.15%，矿区内镜质组平均最大反射率基本稳定在这一范围，变化幅度很小，属中等变质阶段肥、焦、瘦煤，其变质阶段可划为Ⅲ～Ⅳ。

3. 煤相

张松航(2008)研究认为，吴堡矿区北部府谷矿区为干燥泥炭沼泽相和森林泥炭沼泽相，矿区东部的柳林地区以森林沼泽相为主要煤相，结合吴堡矿区S1号煤层的 *V*/*I* 均大于1，认为吴堡矿区成煤环境主要为过渡泥炭沼泽相和森林泥炭沼泽相。

4. 高异常元素

吴堡矿区属于陕北石炭纪—二叠纪煤田，由于沉积期北部物源区提供较多的铝土质泥岩，邻近区域总体上诸多微量元素呈现高异常，其中比较典型的有铝异常、镓异常、锂异常。通过整理吴堡矿区的勘探报告，对其中稀散元素进行了分析，总体上 Ge 比较富集，79.70%的样品高于中国煤的平均含量(表 3-23)，但最大值也未达到伴生矿产的下限。

表 3-23　吴堡矿区 S1 煤稀散元素含量统计表

元素	Ge	Ga	U
最大值/(μg/g)	23	25	14
中国煤/(μg/g)	2.78	6.55	2.43
富集系数>1 比例/%	79.70	42.03	28.57

三、特殊用煤资源

依据上述煤岩煤质指标分析，吴堡矿区 S1 号煤层主要为低灰、中等挥发分、特低硫、低磷、高黏结指数的焦煤。镜质组平均反射率大于 1.1%，煤岩显微组分中，镜质组含量最高，其次为惰质组。上述特征表明，S1 号煤层为潜在的焦化用煤。按照焦化用煤评价指标，吴堡矿区 S1 号煤层浮选后大多数满足铸造焦用原料煤的要求，另有部分满足冶金焦用原料煤的要求(表 3-24)。

表 3-24　吴堡矿区 S1 号煤层焦化用煤评价表

项目	冶金焦用原料煤	铸造焦用原料煤	吴堡矿区 S1 号煤层
灰分/%	<12	<9.50	3.82～17.50[a](9.3[b])
全硫含量/%	<1.75	<1.00	0.23～2.36(0.59)
磷含量/%	<0.150	<0.150	0～0.135(0.018)
黏结指数	>20	>20	15.9～100.7(79.5)
全水分/%	<12	<12	—

a 表示取值范围。

b 表示平均值。

吴堡矿区共划分为两个井田，分别为横沟井田和柳壕沟井田。S1 号煤层资源量占矿区总资源量的 25%，t1 号煤层资源量占总资源量的 65%，而 S1 号煤层为矿区内主采煤层。因而，对 S1 号煤层和 t1 号煤层进行特殊用煤评价，以此来代表吴堡矿区特殊用煤资源状况。

依据各煤层煤岩煤质指标分析，吴堡矿区焦化用煤资源分布于全矿区，其中铸造焦用原料煤分布广，而冶金焦用原料煤主要分布在矿区南部(图 3-44)。截至 2015 年底，吴堡矿区保有资源量 162839 万 t，其中冶金焦用原料煤保有资源量 24804.4 万 t，铸造焦用原料煤保有资源量 96169.1 万 t(表 3-25)。

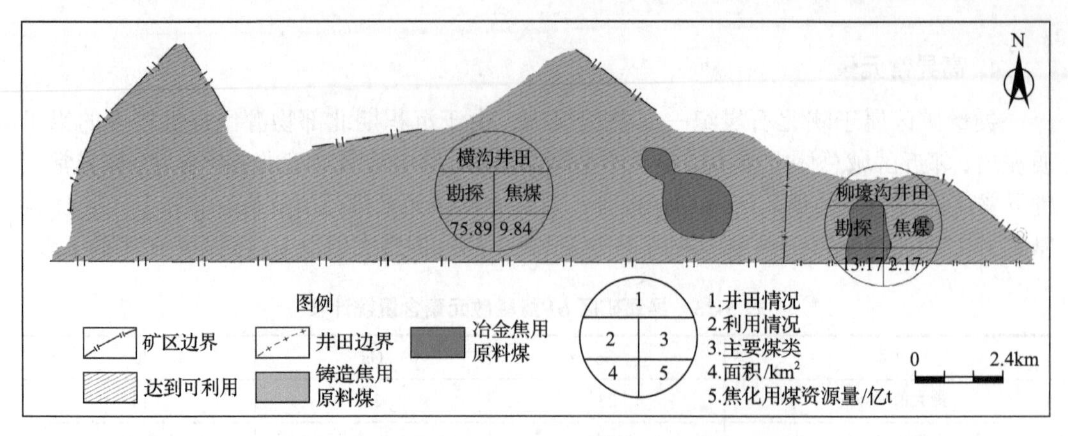

图 3-44 吴堡矿区 S1 号煤层特殊用煤平面分布图

表 3-25 吴堡矿区主要煤层特殊用煤资源量统计表

煤层资源量	保有资源量		小计	煤炭资源储量
	冶金焦用原料煤	铸造焦用原料煤		
S1/万 t	2164	39252	41416	41416
t1/万 t	20312	47889	68201	106337
合计/万 t	22476	87141	109617	147553
焦用占比/%	15	59		
实际保有资源量/万 t	162839			
焦化用煤资源量/万 t	24804.4	96169.1		

第六节 永陇矿区

一、矿区概况

永陇矿区主要位于宝鸡、咸阳地区北部，横跨麟游、凤翔、千阳、陇县、彬州、永寿六县(市、区)。矿区北至陕甘省界，西至花花庙河，东北部至彬长矿区南界，南北宽约 30km，东西长约 68km，总面积约 1820km^2，煤炭资源总量 32 亿 t。矿区划分为 2 个井田、4 个勘查区，分别为：丈八井田、郭家河井田、园子沟勘查区、1 号勘查区、2 号勘查区、3 号勘查区。

矿区地层由老到新有：中三叠统铜川组(T_2t)，下侏罗统富县组(J_1f)，中侏罗统延安组(J_2y)、直罗组(J_2z)、安定组(J_2a)，下白垩统宜君组(K_1y)、洛河组(K_1l)、华池组(K_1h)，新近系(N)及第四系更新统(Q_p)、全新统(Q_h)。

永陇矿区位于鄂尔多斯盆地南部渭北挠褶带北缘。鄂尔多斯盆地在晚三叠世从华北克拉通分离出来，形成一个独立的构造单元。渭北挠褶带属盆地 I 级构造单元，根据石油系统划分意见，以蒿店—御驾宫大断裂为界，以南称铜川凸起，以北称庙彬凹陷，属盆地Ⅱ级构造单元。庙彬凹陷又以构造特征及煤层发育程度的差别，进一步划分为彬长凹陷与麟游折带，属盆地Ⅲ级构造单元，其界线东以太峪背斜为界，向西至阁头寺、两亭背斜一线。

二、煤岩、煤质特征

本节收集了永陇矿区2个井田和4个勘查区的钻孔煤质资料和部分勘探地质报告，根据资料显示，3号煤层为主要开采煤层。

1. 煤质特征

(1)水分：永陇矿区 3 号煤层原煤水分含量为 2.49%～13.19%，平均值为 8.31%(*N*=242)；浮煤水分含量为1.65%～11.45%，平均值为6.72%(*N*=237)(表3-26)。

表3-26　永陇矿区3号煤层工业分析及全硫含量测试分析统计结果

工业分析								全硫含量/%	
水分/%		灰分/%		挥发分/%		氢碳原子比			
原煤	浮煤	原煤	浮煤	原煤	浮煤	原煤	浮煤	原煤	浮煤
8.31[a]	6.72	15.56	5.71	35.34	35.24	0.65	0.68	0.45	0.25
2.49～13.19[b]	1.65～11.45	7.95～39.32	3.06～11.19	23.09～41.56	26.87～42.61	0.46～0.77	0.47～0.82	0.10～2.22	0.07～1.54

a 表示平均值。

b 表示取值范围。

(2)灰分：永陇矿区3号煤层原煤灰分为7.95%～39.32%，平均值为15.56%(*N*=242)，浮煤灰分为3.06%～11.19%，平均值为5.71%(*N*=237)。

按《煤炭质量分级 第1部分：灰分》(GB/T 15224.1—2018)中煤炭资源评价灰分分级，永陇矿区3号煤层主要为低灰煤，其次为特低灰煤，含少量中灰煤和中高灰煤；洗选后，大部分灰分小于10%，以特低灰煤为主，其次为低灰煤(图3-45)。平面上，全区原煤灰分以低灰煤占大面积，仅矿区北部零星区域灰分达到中灰，灰分最高值出现在2号勘查区北部，达到中灰；总体上，原煤灰分展布特征表现为矿区中东部灰分较低，向北部零星片区灰分产率增大，由低灰煤转变成中灰煤(图3-46)。

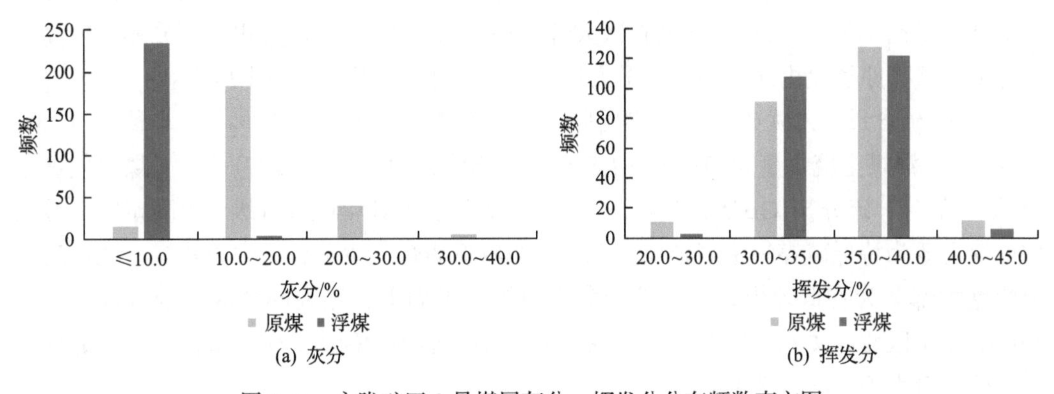

图3-45　永陇矿区3号煤层灰分、挥发分分布频数直方图

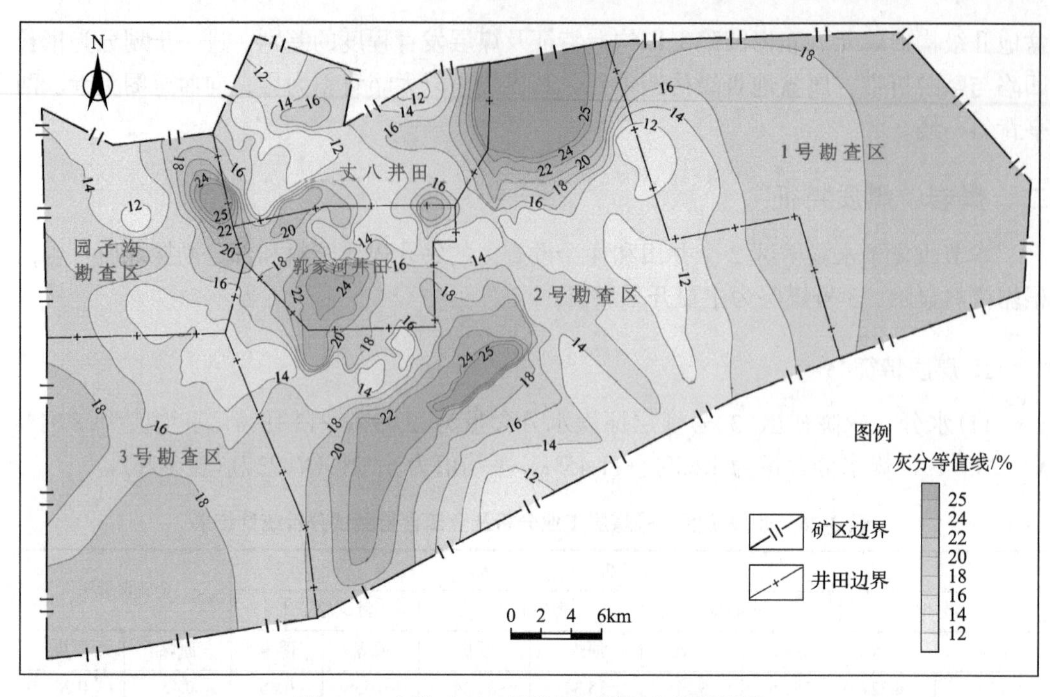

图 3-46　永陇矿区 3 号煤层原煤灰分等值线图

(3)挥发分：永陇矿区 3 号煤层原煤挥发分为 23.09%～41.56%，平均值为 35.34%(*N*=241)；浮煤挥发分为 26.87%～42.61%，平均值为 35.24%(*N*=237)。按《煤的挥发分产率分级》(MT/T 849—2000)，永陇矿区 3 号煤层原煤挥发分集中在 30.0%～40.0%，为中高—高挥发分煤，仅少量为高挥发分煤，多数为中高挥发分煤；浮选后挥发分变化较小，分布范围与原煤近一致(图 3-45)。平面上，矿区内大部分区域原煤的挥发分大于 35%，仅在丈八井田西南部、郭家河井田北部和园子沟勘查区西部挥发分小于 35%，总体上，永陇矿区 3 号煤层为中高—高挥发分煤，呈现出由北到南挥发分变大的趋势(图 3-47)。

(4)氢碳原子比：永陇矿区 3 号煤层原煤氢碳原子比为 0.46～0.77，平均值为 0.65(*N*=94)；浮煤氢碳原子比为 0.47～0.82，平均值为 0.68。平面上，矿区内原煤大部分区域氢碳原子比小于 0.70，仅 2 号勘查区大部分和丈八井田、郭家河井田小部分相对较高；总体上，氢碳原子比由北向南有所增大，然而局部亦有特别情况(图 3-48)。

(5)全硫含量：永陇矿区 3 号煤层原煤全硫含量为 0.10%～2.22%，平均值为 0.45%(*N*=242)，浮煤全硫含量为 0.07%～1.54%，平均值为 0.25%(*N*=237)。按《煤炭质量分级　第 2 部分：硫分》(GB/T 15224.1—2018)中煤炭资源评价硫分分级，永陇矿区 3 号煤层原煤主要为特低硫煤—中高硫煤，大部分为特低硫煤，少部分为中高硫煤；洗选后，浮煤绝大部分为特低硫煤，极少部分为中硫煤。平面上，绝大部分区域全硫含量小于 1.0%，在矿区北部丈八井田有少量区域大于 1.0%，达到中硫煤，矿区整体情况大部分区域全硫含量大于 0.4%(图 3-49)。

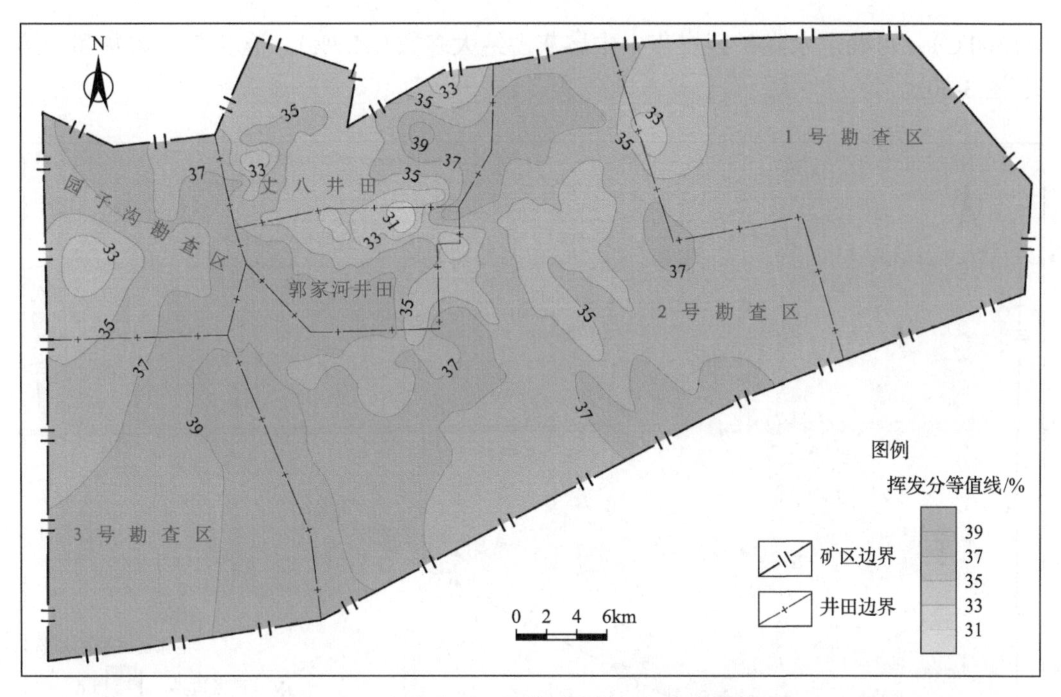

图 3-47 永陇矿区 3 号煤层原煤挥发分等值线图

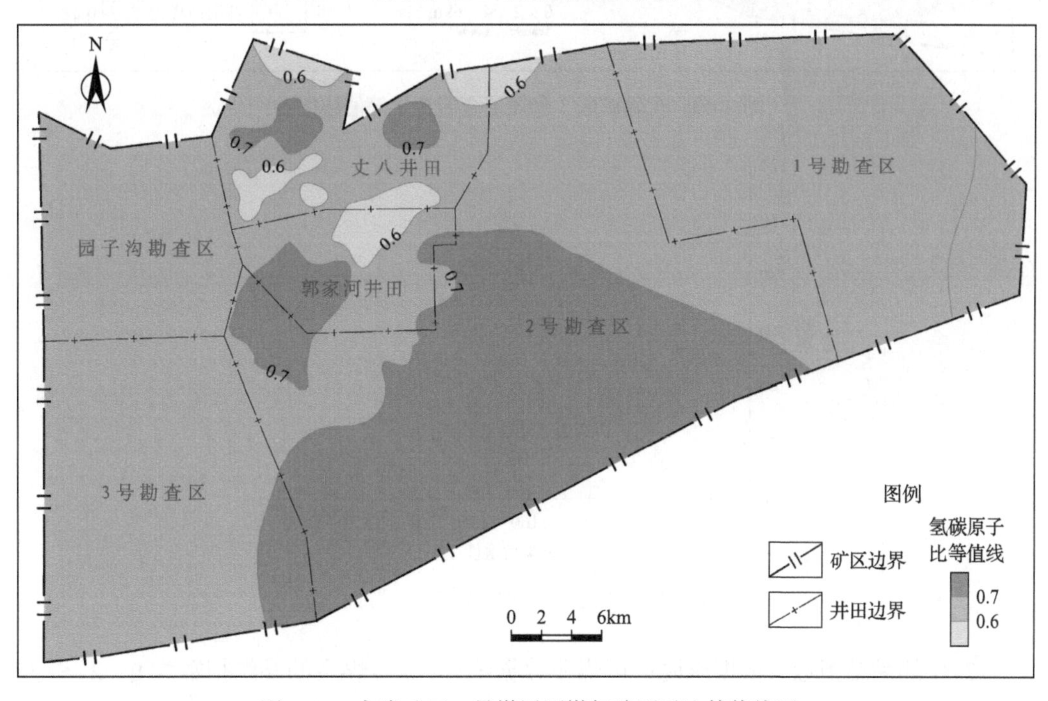

图 3-48 永陇矿区 3 号煤层原煤氢碳原子比等值线图

(6)煤灰熔融性：根据永陇矿区煤质数据统计，3 号煤层的煤灰熔融性范围为 1117～>1500℃，平均值为 1273℃(N=132)。参考煤灰熔融温度范围易熔灰分(煤灰熔融性<1160℃)、中熔灰分(煤灰熔融性为 1160～>1350℃)、难熔灰分(煤灰熔融性为 1350～

>1500℃），可确定永陇矿区煤灰中中熔灰占绝大多数(84.7%)，含少量易熔灰和难熔灰(图 3-50)。

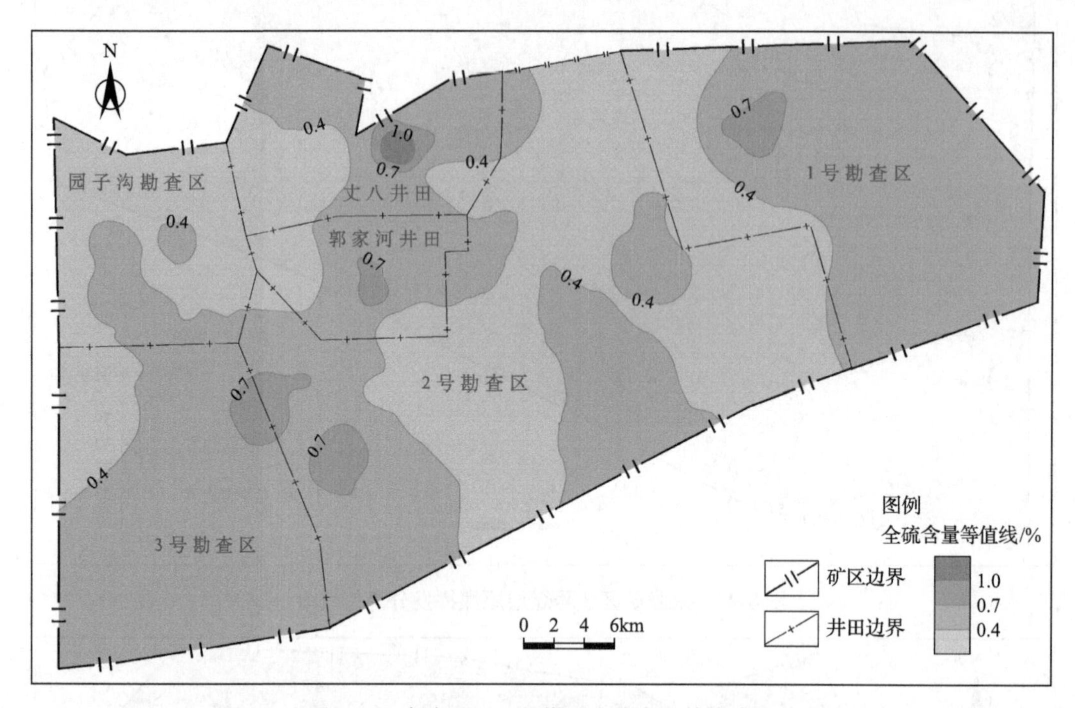

图 3-49　永陇矿区 3 号煤层全硫含量等值线图

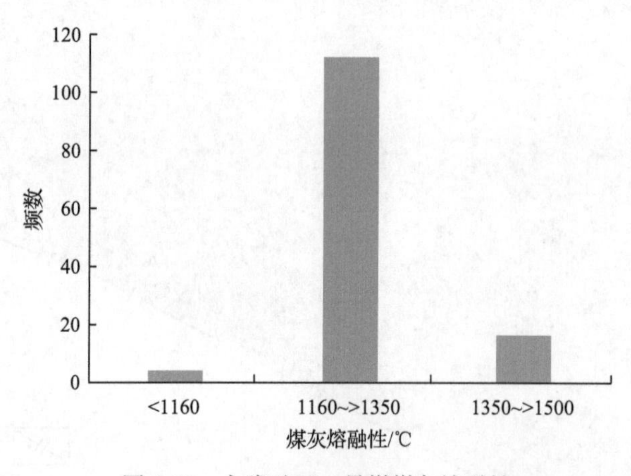

图 3-50　永陇矿区 3 号煤煤灰熔融性

(7)煤的黏结指数：根据永陇矿区煤质数据统计，3 号煤层的黏结指数为 0～2，平均值为 0.03(*N*=112)，绝大多数为 0，因此判断其为不黏结煤。

(8)煤的热稳定性：根据永陇矿区煤质数据统计，3 号煤层的热稳定性为 33.9%～80.5%，平均值为 59.52%(*N*=40)。按照《煤的热稳定性分级》(MT/T 560—2008)，其以中热稳定性煤为主。

(9)煤灰成分：永陇矿区3号煤层煤灰成分主要有SiO_2、Al_2O_3、Fe_2O_3、CaO、MgO、K_2O、Na_2O、TiO_2等。根据收集的钻孔资料分析，煤灰中主要成分SiO_2含量为26.04%～63.50%，平均值为44.76%(N=137)；Al_2O_3含量为8.64%～38.09%，平均值为19.60%；Fe_2O_3含量为2.25%～21.39%，平均值为7.89%；CaO含量为1.60%～51.33%，平均值为17.47%；MgO含量为0.42%～16.31%，平均值为1.72%。SO_3含量为0.19%～10.89%，平均值为3.53%。总体上以硅铝酸盐氧化物为主，碱性氧化物次之。

2. 煤岩特征

煤岩学就是根据岩石学的观点和方法来研究煤的组成、成分、类型、性质等，主要研究领域是煤的显微镜学，煤的煤岩学特征包括宏观煤岩特征和显微煤岩特征。永陇矿区3号煤层在勘探过程中取得了较多煤岩特征资料，本节在前人研究的基础上，针对性地补充了部分显微煤岩特征工作。

1)宏观煤岩特征

永陇矿区内主要可采煤层3号煤层颜色为黑色，条痕呈棕色，沥青光泽；贝壳状、阶梯状断口，暗煤中发育棱角状—不规则状断口；丝炭呈丝绢光泽，纤维状结构。各煤层裂隙被方解石脉或黄铁矿薄膜充填，内生裂隙不发育。结构以条带状、均一状、线理状为主；各煤层均发育水平及断续水平层理。宏观煤岩类型以半暗型、半亮型为主。

2)显微煤岩特征

永陇矿区煤岩显微组分各煤层无机矿物含量较低，为4.3%～6.2%，以黏土类矿物及碳酸盐类矿物为主，其次为硫化物类矿物。黏土类矿物呈土黄、土灰色粒状形态分布于各基质中。碳酸盐类矿物为方解石、菱铁矿，方解石呈脉状填充裂隙。硫化物类矿物为黄铁矿，呈黄白色蜂窝状和星散状形态分布于层面和裂隙，并填充于植物胞腔中。各煤层有机组分含量较高，平均值在90%以上，其中镜质组含量相对较高(表3-27)。

表3-27　永陇矿区3号煤层显微组分定量分析统计结果(钻孔)　(单位：%)

孔号	去矿物基			$R_{o,max}$
	镜质组	惰质组	壳质组	
Z3-1	64.92	35.08	0	0.742
Z4-1	62.33	37.67	0	0.697
Z6-5	35.94	63.05	1.01	0.59
Z11-2	63.52	36.48	0	0.713

(1)镜质组：以基质镜质体为主，油浸反射光下呈深灰色，无突起，胶结惰质组分；其次为均质镜质体，油浸反射光下为深灰色，无突起，均一无结构，呈条带状分布。3号煤层中上部基质镜质体和均质镜质体含量较高。

(2)惰质组：油浸反射光下丝质体为浅灰、灰白色，半丝质体为黄白色，中高突起，显示植物细胞结构。微粒体则为不明显的细胞结构状的惰质体。可见碎屑惰质体、菌类体。

(3)壳质组：油浸反射光下小孢子体呈黑色，分布于基质镜质体中，也可见与丝质体混生，偶见角质体和树脂体。

3. 煤相

永陇矿区位于鄂尔多盆地南缘，印支运动末期该区发生区域性隆升，河流侵蚀严重。尽管下侏罗统富县组的沉积对古侵蚀面起到了一定程度的“填平补齐”作用，但在延安组沉积初期，这种隆凹地形依然存在。而该区煤系基底古地形的基本形态控制了主采煤层在区域上的分布范围及其厚度的变化，次一级的地形起伏是煤层局部性变化的主要因素，厚煤带均分布在凹陷的轴部地带；随着煤系垂向加积的增厚，起伏不平的古地形逐渐消失，其控煤作用减弱直至消失，因此古地形是控制煤系下部煤层聚积的主导因素。低洼地区形成广阔的湿地沼泽，覆水程度浅，水介质为酸性，属弱还原氧化环境，有机质凝胶化程度低，结构体发育，无机沉积作用弱，矿物质和硫分低。煤相的垂向演化主要由湿地沼泽相经河床相、河漫相及沼泽相，进而变为湖沼相。所以，泥炭堆积时胶凝化程度低，丝质组含量较高。

4. 异常元素分析

根据勘探钻孔资料，永陇矿区 3 号煤层中稀散元素 Ga、V、Ge 的富集系数分别为 0.65、0.92、0.51，而煤中 U 的富集系数为 1.84(表 3-28)，相较于彬长矿区表现出一定的富集趋势，但最高品位为 4.47ppm，达不到伴生矿产的品位。

表 3-28　永陇矿区 3 号煤层稀散元素统计表

元素	平均值/ppm	中国煤(代)/ppm	富集系数
Ga	4.27	6.55	0.65
U	4.47	2.43	1.84
V	32.27	35.1	0.92
Ge	1.42	2.78	0.51

三、特殊用煤资源

永陇矿区共划分 2 个井田、4 个勘查区，其中 2 个井田已正式建井开采，保有资源量为 149400 万 t。矿区主要开采煤层为 3 号煤层，煤类为不黏煤，少量为弱黏煤，通过对 3 号煤层全水分、灰分、全硫、软化温度、流动温度等指标分析发现(表 3-29，表 3-30)，永陇矿区煤炭资源大部分适合常压固定床气化，2 号勘查区大部分适合液化(图 3-51)。

表 3-29　永陇矿区煤质特征对比

<table>
<tr><td rowspan="2">项目</td><td rowspan="2">常压固定床</td><td rowspan="2">流化床</td><td colspan="2">气流床</td><td rowspan="2">永陇矿区
3 号煤层</td></tr>
<tr><td>水煤浆</td><td>干煤粉</td></tr>
<tr><td rowspan="3">全水分/%</td><td><6(无烟煤)</td><td rowspan="3"><40</td><td rowspan="3" colspan="2"><40</td><td rowspan="3">$\frac{2.49\sim13.19}{8.31}$</td></tr>
<tr><td><10(烟煤)</td></tr>
<tr><td><20(褐煤)</td></tr>
</table>

续表

项目		常压固定床	流化床	气流床		永陇矿区3号煤层
				水煤浆	干煤粉	
灰分/%		<22(无烟块煤)	<40	<25	<25	7.95~39.32 15.56
		<25(其他块煤)				
全硫/%		<1.5	<3	<3	<3	0.10~2.22 0.45
煤灰熔融性	软化温度/℃	≥1250	≥1050			1117~1500 1273
		≥1150 (灰分≤18.00%)				
	流动温度/℃			1100~1350	1100~1450	1147~1500
煤对CO_2反应性(950℃)/%			>60			
哈氏可磨性指数				≥40	≥40	
黏结指数		<50	<50			
热稳定性/%		>60				
成浆浓度/%				≥55		
落下强度/%		>60				

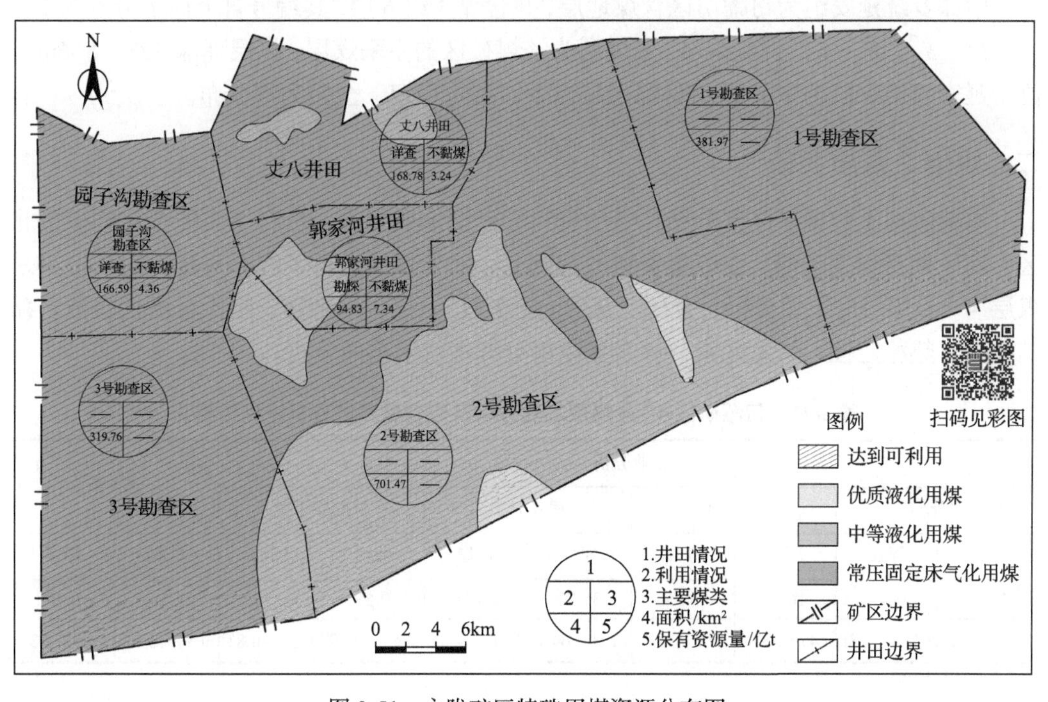

图 3-51　永陇矿区特殊用煤资源分布图

表 3-30　永陇矿区煤炭资源勘查开发现状统计表

矿区	勘查区(矿井)名称	成煤时代	勘查程度/开发状况	面积/km^2	利用情况	主要煤类	累计资源储量/万 t	保有资源量/万 t	备注
永陇矿区	丈八井田	J_2y	详查	168.78		BN	32400	32400	气化
	郭家河井田	J_2y	勘探	94.83		BN	73400	73400	气化
	2 号勘查区	J_2y		701.47					液化
	园子沟勘查区	J_2y	详查	166.59		BN	43600	43600	气化
	1 号勘查区	J_2y		381.97					气化
	3 号勘查区	J_2y		319.76					气化
合计				1833.4			149400	149400	

第七节　旬 耀 矿 区

一、矿区概况

旬耀矿区位于鄂尔多斯盆地东南部，隶属耀州、旬邑、淳化管辖。东与焦坪矿区毗邻，西止旬邑，与彬长矿区毗邻，南起瑶玉、照金、安子洼一线，北止陕西省界。矿区面积约 1300km^2。分为南、北两个区，北区包括白石崖、乔儿沟、青冈坪、小寺子、西川等井田南区包括留石村、黑沟井田等。

中侏罗统延安组为旬耀矿区含煤地层，共含煤 3 组 6 层，其编号自上而下分别为 2、3^{-1}、3^{-2}、3^{-3}、4^{-1}、4^{-2} 号煤层。4^{-2} 号煤层为该煤矿区的主采煤层，煤层埋深 228～556m，位于延安组第一段的中上部、K_2 标志层以下，层位稳定，全区大部分布。

二、煤岩、煤质特征

本节收集了旬耀矿区部分钻孔煤质资料和勘探地质报告，资料主要涉及旬耀矿区北区，南区勘探程度较低。在收集资料的基础上，对各煤层进行了综合对比，对矿区主采煤层 4^{-2} 号煤层的工业分析、全硫、灰分(表 3-31)、煤灰熔融性、哈氏可磨性指数、黏结指数、热稳定性、微量元素、煤岩显微组分等进行了全面分析。

表 3-31　旬耀矿区 4^{-2} 号煤层工业分析及硫含量测试分析统计结果

工业分析								全硫含量/%	
水分/%		灰分/%		挥发分/%		氢碳原子比			
原煤	浮煤	原煤	浮煤	原煤	浮煤	原煤	浮煤	原煤	浮煤
7.10[a]	5.72	16.29	5.55	35.72	36.11	0.65	0.71	1.53	0.78
1.10～12.72[b]	1.56～12.88	4.47～38.00	2.46～10.05	21.50～44.37	25.43～43.06	0.45～0.79	0.51～0.83	0.10～5.02	0.09～2.30

a 表示平均值。

b 表示取值范围。

1. 煤质特征

(1)水分：旬耀矿区 4^{-2} 号煤层原煤水分含量为 1.10%～12.72%，平均值为 7.10%(*N*=193)；浮煤水分含量为 1.56%～12.88%，平均值为 5.72%(*N*=186)。

(2)灰分：旬耀矿区 4^{-2} 号煤层原煤灰分为4.47%～38.00%，平均值为16.29%(*N*=193)；浮煤灰分为 2.46%～10.05%，平均值为 5.55%(*N*=186)。

按《煤炭质量分级 第 1 部分：灰分》(GB/T 15224.1—2018)中煤炭资源评价灰分分级，旬耀矿区 4^{-2} 号煤层主要为中灰煤、中高灰煤，其次为低灰煤，含少量特低灰煤，洗选后，绝大部分灰分小于 10%，以特低灰煤为主(图 3-52)。平面上，全区原煤灰分以中灰煤占大面积，矿区北部中间部分为低灰煤，矿区的西北部及东部为中灰煤。总体上，矿区北区灰分分布特征表现为中部低、东部和西部较高的特征(图 3-53)。

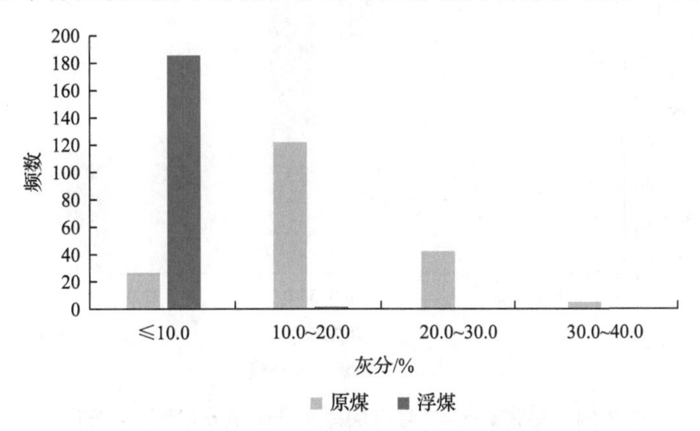

图 3-52　旬耀矿区 4^{-2} 号煤层灰分产率分布频数直方图

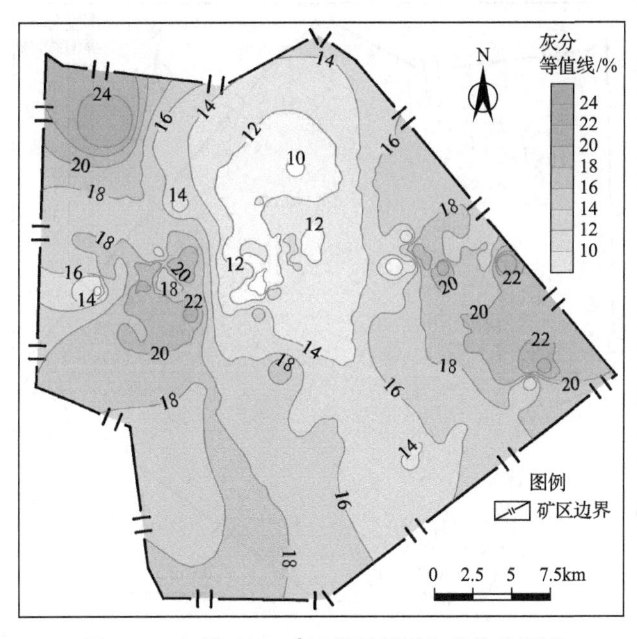

图 3-53　旬耀矿区 4^{-2} 号煤层原煤灰分等值线图

(3)挥发分：旬耀矿区 4^{-2} 号煤层原煤挥发分为 21.50%～44.37%，平均值为 35.72%(N=193)；浮煤挥发分为 25.43%～43.06%，平均值为 36.11%(N=185)。

按《煤的挥发分产率分级》(MT/T 849—2000)，旬耀矿区 4^{-2} 号煤层原煤挥发分大部分集中在 28.0%～37.0%，为中高挥发分煤，少数为高挥发分煤，极少数为中等挥发分煤；浮选后挥发分变化较小，分布范围与原煤近一致(图 3-54)。平面上，矿区北区大部分区域原煤的挥发分在 34%～36%，变化不大，仅矿区北区的西北部、西南部、东部挥发分小于 34%，矿区北区的中部及东南部挥发分较高，个别地方挥发分超过 40%。总体上，旬耀矿区 4^{-2} 号煤层原煤挥发分呈现为北区的西部中间部分较高、向四周逐渐变小、到东南部又逐步增大的趋势(图 3-55)，整体变化不大，属中高挥发分煤。

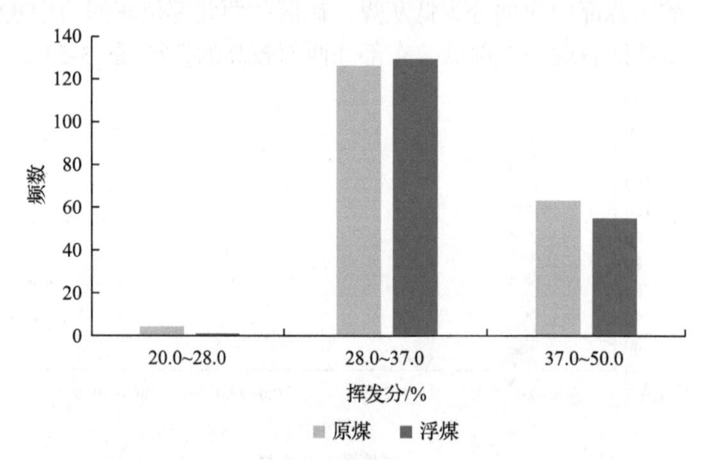

图 3-54　旬耀矿区 4^{-2} 号煤层挥发分产率分布频数直方图

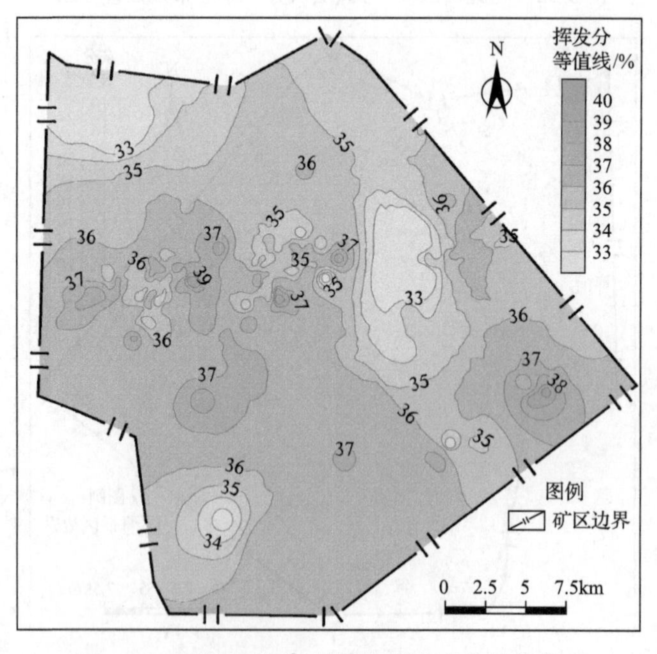

图 3-55　旬耀矿区 4^{-2} 号煤层原煤挥发分等值线图

(4)氢碳原子比：旬耀矿区 4^{-2} 号煤层原煤氢碳原子比为 0.45～0.79，主要分布在 0.6～0.7，平均值为 0.65（N=110）；浮煤氢碳原子比为 0.51～0.83，平均值为 0.71（N=104）。原煤氢碳原子比总体上以 0.65～0.70 为中心呈正态分布(图 3-56)。平面上，矿区内绝大部分区域氢碳原子比为 0.60～0.70，北区内氢碳原子比分布规律整体表现为东高西低的特点(图 3-57)。

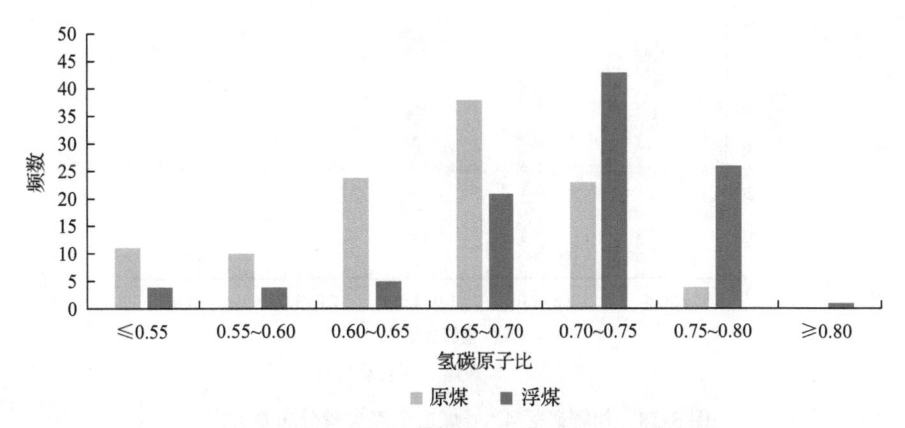

图 3-56　旬耀矿区 4^{-2} 号煤层氢碳原子比分布直方图

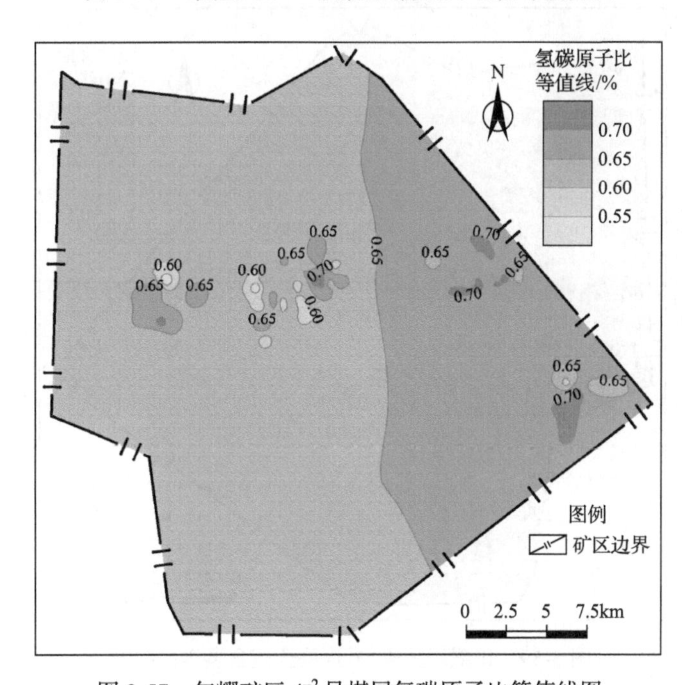

图 3-57　旬耀矿区 4^{-2} 号煤层氢碳原子比等值线图

(5)全硫含量：旬耀矿区 4^{-2} 号煤层原煤全硫含量为 0.10%～5.02%，平均值为 1.53%（N=175），浮煤全硫含量为 0.09%～2.30%，平均值为 0.78%（N=163）。按《煤炭质量分级　第 2 部分：硫分》(GB/T 15224.1—2018)中煤炭资源评价硫分分级，旬耀矿区 4^{-2} 号煤层原煤主要为特低硫煤—中高硫煤，突出不明显，极少部分为高硫煤；洗选后，浮煤绝大部分为特低硫煤、低硫煤、中硫煤(图 3-58)。平面上，大部分区域全硫含量介于1.0%～2.5%，属中硫煤、高硫煤，总体上，表现为西高东低的局面(图 3-59)。

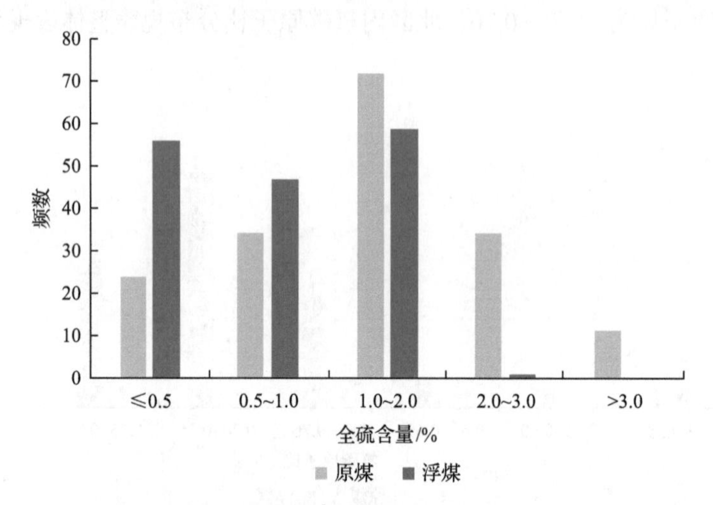

图 3-58 旬耀矿区 4^{-2} 号煤层全硫含量分布直方图

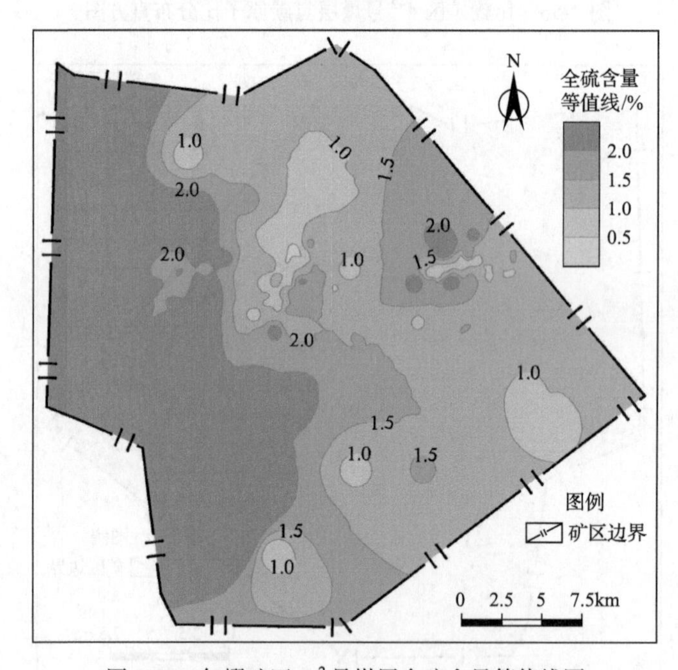

图 3-59 旬耀矿区 4^{-2} 号煤层全硫含量等值线图

旬耀矿区 4^{-2} 号煤层原煤中各形态硫对全硫含量的贡献值以硫化铁硫为主，其次为有机硫，硫酸盐硫贡献值较低；全硫含量不同的煤其形态硫的占比变化不大，但当全硫含量≥3.00%，即为高硫煤时，有机硫的占比增加，平均值为 49.4%，而硫化铁硫占比相对降低，为 46.5%(图 3-60)。

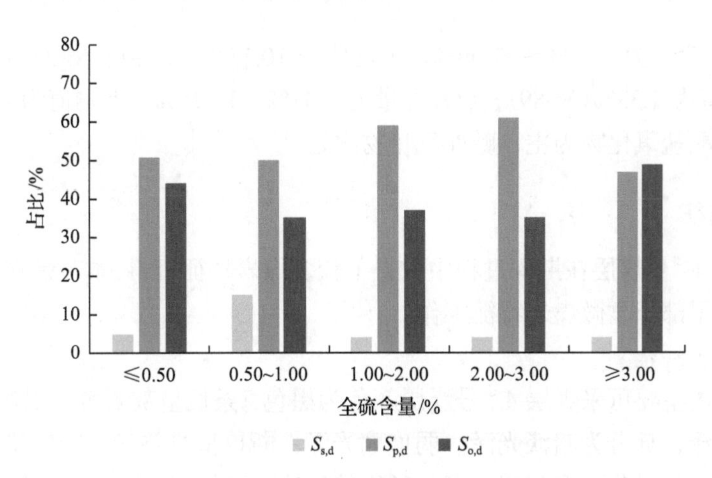

图 3-60　旬耀矿区 4^{-2} 号煤层各形态硫含量分布直方图

(6)煤灰熔融性：根据旬耀矿区煤质数据统计，4^{-2} 号煤层的煤灰熔融性范围为 1080～>1500℃，平均值为 1260℃(*N*=77)。参考煤灰熔融性范围：易熔灰分(煤灰熔融性<1160℃)、中熔灰分(煤灰熔融性为 1160～>1350℃)、难熔灰分(煤灰熔融性为 1350～>1500℃)，可确定旬耀矿区 4^{-2} 号煤层的煤灰以中熔灰为主(60.0%)，含少量易熔灰(12.5%)和难熔灰(27.5%)(图 3-61)。

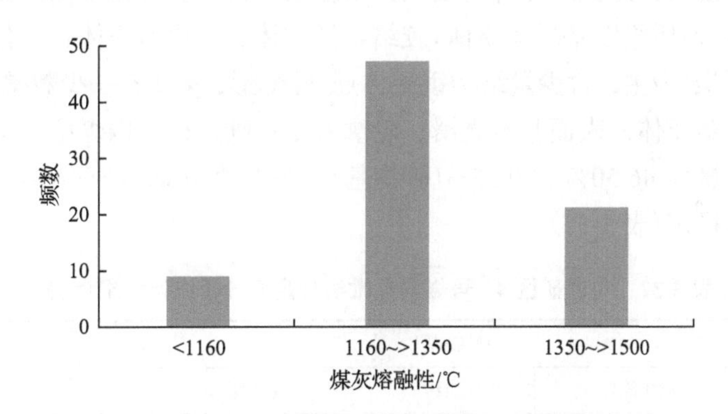

图 3-61　旬耀矿区 4^{-2} 号煤层煤灰熔融性

(7)煤的黏结指数：根据旬耀矿区煤质数据统计，4^{-2} 号煤层的黏结指数为 0～12，绝大多数为 0，平均值为 0(*N*=123)，因此判断其为不黏结煤。

(8)煤的热稳定性：根据旬耀矿区煤质数据统计，4^{-2} 号煤层的热稳定性为 67.4%～95.2%，平均值为 79.28%(*N*=19)。按照《煤的热稳定性分级》(MT/T 560—2008)，其属于中高—高热稳定性煤。

(9)煤灰成分：旬耀矿区 4^{-2} 号煤层煤灰成分组成主要有 SiO_2、Al_2O_3、Fe_2O_3、CaO、MgO、K_2O、Na_2O、TiO_2 等。通过对勘探资料的煤灰成分数据的分析得出，煤灰中主要成分 SiO_2 含量为 27.52%～64.42%，平均值为 46.62%(*N*=88)；Al_2O_3 含量为 8.64%～33.71%，平均值为 21.82%(*N*=89)；Fe_2O_3 含量为 1.44%～44.71%，平均值为 10.49%

(N=89)；CaO含量为1.36%～27.09%，平均值为10.15%(N=89)；MgO含量为0.24%～9.36%，平均值为1.33%(N=89)；SO_3含量为0.41%～13.25%，平均值为4.78%(N=88)。总体上以硅铝酸盐氧化物为主，碱性氧化物次之。

2. 煤岩特征

旬耀矿区4^{-2}号煤层在勘探过程中取得了较多煤岩特征资料，本节是在前人的基础上，针对性地补充了部分显微煤岩特征工作。

1)宏观煤岩特征

旬耀矿区内主要可采煤层4^{-2}号煤层颜色为黑色，条痕呈灰褐色—褐黑色，块状，弱沥青—沥青光泽，部分为暗淡光泽、弱玻璃光泽；断口呈参差状、阶梯状，部分为贝壳状；局部丝炭比较富集，呈丝绢光泽、纤维状结构。各煤层裂隙被方解石脉或黄铁矿薄膜充填，内生裂隙不发育。结构以线理状—细条带状结构为主，暗淡型煤多为均一状结构；各煤层均发育水平及断续水平层理。含大量丝炭，呈薄层状分布。宏观煤岩类型以半亮型、半暗型为主，其次为暗淡型。

2)显微煤岩特征

旬耀矿区煤岩显微组分有机质含量高，达90%以上，其中以镜质组为主，其次为惰质组，壳质组含量低；无机组分含量较低，以黏土、碳酸盐岩和氧化物类矿物为主。

(1)镜质组：镜质组以基质镜质体(胶结半丝质体、碎屑惰质体、氧化丝质体等，少数被黏土矿物浸染)为主，含少量结构镜质体(胞腔变形，多中空，少数被黏土充填)、均质镜质体、团块镜质体，表面基本光滑，轮廓基本清晰，矿区内煤中镜质组含量较高，占煤中总矿物含量为46.50%～70.55%(矿物基)，平均值为69.98%(N=10)，这一特征在矿区内分布较为稳定(表3-32)。

表3-32 旬耀矿区4^{-2}号煤层显微组分定量分析统计结果(钻孔) (单位：%)

孔号	矿物基			$R_{o,max}$	矿物含量
	镜质组	惰质组	壳质组		
S7	46.50	44.40	0.30	0.594	8.80
S10	70.55	18.10	2.25	0.578	9.10
2-2	60.84	34.10	0.00	0.658	5.06
3-4	69.88	23.39	0.00	0.710	6.73
4-4	61.47	31.65	0.23	0.654	6.65
5-2	66.06	29.16	0.00	0.606	4.78
5-4	69.97	24.48	0.00	0.598	5.55
6-3	70.50	23.74	0.00	0.627	5.76
7-3	66.13	26.25	0.00	0.623	7.62
7-5	70.05	21.48	0.00	0.660	8.47

(2)惰质组：惰质组以半丝质体为主，油浸反射光下呈灰色、深灰色，表面基本光滑。其次为碎屑惰质体，含少量氧化丝质体，偶见微粒体、粗粒体和火焚丝质体。矿

区内煤中惰质组含量较低，介于 18.10%～44.40%(矿物基)，平均占总含量的 29.71%(*N*=10)。

(3)壳质组：壳质组主要为小孢子体、角质体和树脂体，含量为 0.00%～2.48%(矿物基)，平均占煤总量的 0.31%。

(4)矿物：旬耀矿区 4^{-2} 号煤层煤样样品无机矿物以黏土类矿物为主，部分样品有黄铁矿填充于丝质体或镜质体粗大缝隙中，碳酸盐类矿物主要为方解石，占煤岩矿物总量的 6.85%(*N*=10)。

(5)煤的镜质组平均最大反射率：根据对旬耀矿区 4^{-2} 号煤层的数据统计，其镜质组平均最大反射率为 0.578～0.710，平均值为 0.631，属于Ⅱ煤化阶段烟煤。

3. 煤相

显微煤岩类型以微镜煤、微惰煤为主，显微组分主要为半丝质体、丝质体，氧化树脂体边缘有各向异性和楔形干燥构造，说明环境上经历了氧化—弱还原的演化过程，而成煤气候则表现为由较干燥、不利于植物繁衍和沼泽覆水较浅的氧化环境，向气候湿润有利于植被大量繁衍和沼泽覆水较深的还原环境的变化过程。

4. 微量元素

本节通过对旬耀矿区 4^{-2} 号煤层的微量元素收集数据的分析得出，矿区无明显的微量元素富集，只在个别点上微量元素含量较高，其中 U 的富集系数为 2.00，V 的富集系数为 1.21，但达不到相应的伴生矿产的品位(表 3-33)。

表 3-33 旬耀矿区 4^{-2} 号煤层稀散元素统计表

元素	平均值/ppm	中国煤(代)/ppm	富集系数
Ge	2.23	2.78	0.80
Ga	5.87	6.55	0.90
U	4.87	2.43	2.00
V	42.61	35.1	1.21
Th	2.00	5.84	0.34

三、特殊用煤资源

旬耀矿区划分为乔儿沟、秀房沟、照金、西川煤矿、职田、留石村、姜家河、老庄子、冶平等井田，都已建井开采。截至 2015 年底，全矿区累计资源储量为 98520.38 万 t，保有资源量为 87113.04 万 t，基础储量为 12132.40 万 t，资源量为 74980.63 万 t。旬耀矿区主要可采煤层为 4^{-2} 号煤层，煤类主要为不黏煤，少量为弱黏煤，通过对 4^{-2} 号煤层全水分、灰分、全硫、软化温度、流动温度等指标分析发现(表 3-34，表 3-35)，旬耀矿区煤炭资源不宜直接液化，大部分适合常压固定床气化，适量适合流化床气化。

表 3-34　旬耀矿区煤质特征对比

项目		常压固定床	流化床	气流床		旬耀矿区 4^{-2}号煤层
				水煤浆	干煤粉	
全水分/%		<6（无烟煤）	<40		<40	
		<10（烟煤）				
		<20（褐煤）				
灰分/%		<22（无烟块煤）	<40	<25	<25	$\frac{4.47\sim38.00^{a}}{16.29^{b}}$
		<25（其他块煤）				
全硫含量/%		<1.5	<3	<3	<3	$\frac{0.10\sim5.02}{1.53}$
煤灰熔融性	软化温度/℃	⩾1250	⩾1050			$\frac{1080\sim1500}{1260}$
		⩾1150（灰分⩽18.00%）				
	流动温度/℃			1100～1350	1100～1450	$\frac{1130\sim1446}{1291}$
煤对 CO_2 反应性（950℃）/%			>60			
哈氏可磨性指数				⩾40	⩾40	
黏结指数		<50	<50			
热稳定性/%		>60				
成浆浓度/%				⩾55		
落下强度/%		>60				

a 表示取值范围。
b 表示平均值。

表 3-35 旬耀矿区煤炭资源勘查开发现状统计表

矿区	县市	勘查区(矿井)名称	成煤时代	勘查程度/开发状况	面积/km^2	利用情况	主要煤类	累计资源储量/万 t	保有资源量/万 t	基础储量/万 t	资源量/万 t	矿井类别	核定生产能力/万 t	2015 年产量/万 t	备注
旬耀矿区	咸阳市	乔儿沟	J_2y	生产矿井		已利用	BN	23355.00	23355.00		23355.00				气化
	旬邑县	长安煤矿	J_2y	生产矿井	185.50	已利用	BN	9396.89	9396.89		9396.89				气化
	旬邑县	旬东	J_2y	生产矿井		已利用	BN	18590.70	15056.63		15056.63				气化
	耀州区	秀房沟	J_2y	生产矿井	8.66	已利用	BN	5275.10	4542.95	1647.05	2895.90	井工	16		气化
	耀州区	照金	J_2y	生产矿井	14.29	已利用	BN	10948.70	8701.64	782.79	7918.85	井工	90		气化
	旬邑县	黑沟煤矿	J_2y	生产矿井	11.20	已利用	BN	3209.37	1975.84	289.29	1686.55	井工	30		气化
	旬邑县	职田	J_2y	生产矿井		已利用	BN	6922.00	6922.00		6922.00				气化
	旬邑县	留石村	J_2y	生产矿井	3.30	已利用	BN	1480.14	894.33	830.53	63.80	井工	15		气化
	旬邑县	西川煤矿	J_2y	生产矿井	7.89	已利用	BN	12664.00	10978.00	7685.00	3293.00				气化
	旬邑县	白石崖煤矿	J_2y	生产矿井	13.45	已利用	BN	2378.10	2126.00	7.90	2118.10				气化
	淳化县	淳化县炭科矿区	J_2y	生产矿井		已利用	BN	2464.11	1409.72	858.43	551.29				气化
	淳化县	姜家河	J_2y	生产矿井		已利用	BN	1836.27	1754.04	31.43	1722.62				气化
	旬邑县	老庄子	J_2y	在建矿井	27.19	未利用	BN								气化
	铜川市	冶平		勘探		未利用	BN								气化
合计					271.48			98520.38	87113.04	12132.40	74980.63		151		

第八节 黄陵矿区

一、矿区概况

黄陵矿区位于陕西省黄陵县，大地构造位置属于鄂尔多斯盆地东南部之陕北斜坡带的南部边缘。矿区南北长 47km，东西宽 59km，面积 1700km^2。矿区分黄陵建庄区、店头区及北部区三部分，包括了香坊井田、黄陵一号井田、黄陵二号井田、党家河勘查区、芦村勘查区等。矿区内含煤地层为中侏罗统延安组，主要含煤三层，分别为 1 号煤层、2 号煤层、3 号煤层，其中 2 号煤层是黄陵矿区最主要的可采煤层。

矿区地层由老到新有：上三叠统瓦窑堡组(T_3w)；下侏罗统富县组(J_1f)；中侏罗统延安组(J_2y)、直罗组(J_2z)、安定组(J_2a)；下白垩统洛河组(K_1l)、环河-华池组(K_1h)；第四系黄土及冲积层。

黄陵矿区位于鄂尔多斯盆地东南部陕北斜坡带的南部边缘，矿区总体构造格架为一个具有波状起伏的倾向北西的单斜构造，地层倾角一般为 1°～5°。未发现较大断层及岩浆岩活动。夜虎庄—瓦腰坪背斜是矿区发现的唯一较大隆起构造。该背斜位于张庄、瓦腰坪、龙王庙、夜虎庄一带，为一轴向近东西延伸、向西倾伏的背斜构造，长约 30km。地面表现为大范围直罗组超覆于上三叠统之上。

二、煤岩、煤质特征

本节仅收集了党家河勘查区、黄陵二号井田勘查报告。

1. 煤质特征

(1)水分：黄陵矿区 2 号煤层原煤水分含量为 0.59%～4.71%，平均值为 2.74%(N=216)；浮煤水分含量为 0.59%～7.87%，平均值为 2.10%(N=216)(表 3-36)。

表 3-36 黄陵矿区 2 号煤层工业分析及硫含量测试分析统计结果

工业分析								全硫含量/%	
水分/%		灰分/%		挥发分/%		氢碳原子比			
原煤	浮煤	原煤	浮煤	原煤	浮煤	原煤	浮煤	原煤	浮煤
2.74	2.10	16.89	6.62	34.02	33.15	0.70	0.72	0.54	0.39
0.59～4.71	0.59～7.87	5.06～36.60	3.32～11.20	20.61～42.00	30.03～36.36	0.58～0.90	0.62～1.14	0.14～2.62	0.10～1.54

(2)灰分：黄陵矿区 2 号煤层原煤灰分为 5.06%～36.60%，平均值为 16.89%(N=214)；浮煤灰分为 3.32%～11.20%，平均值为 6.62%(N=216)。

按《煤炭质量分级 第 1 部分：灰分》(GB/T 15224.1—2018)中煤炭资源评价灰分分级，黄陵矿区 2 号煤层主要为低灰煤，其次为中灰煤，少量为特低灰煤和中高灰煤，洗选后，大部分灰分小于等于 10.0%，以特低灰煤为主，其次为低灰煤，无中灰煤(图 3-62)。

平面上，可收集到资料的区域灰分以低灰煤占大面积，仅矿区西部小部分区域达到中灰，总体上，原煤灰分展布特征表现为矿区东部灰分较低，向西部灰分增大，由低灰煤转变成中灰煤(图 3-63)。浮煤灰分与原煤灰分具有高度正相关性，因而其总体分布规律与原煤相近，但灰分总体下降明显。

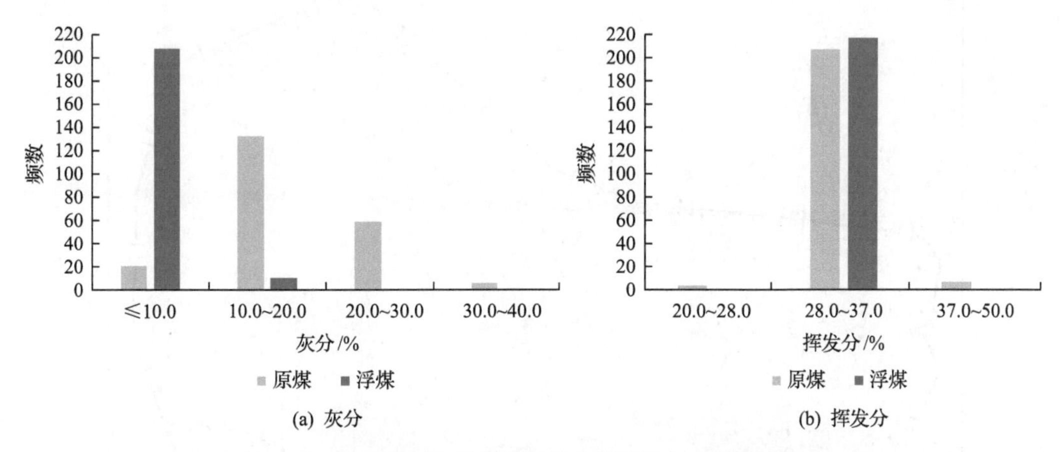

图 3-62　黄陵矿区 2 号煤层灰分、挥发分分布频数直方图

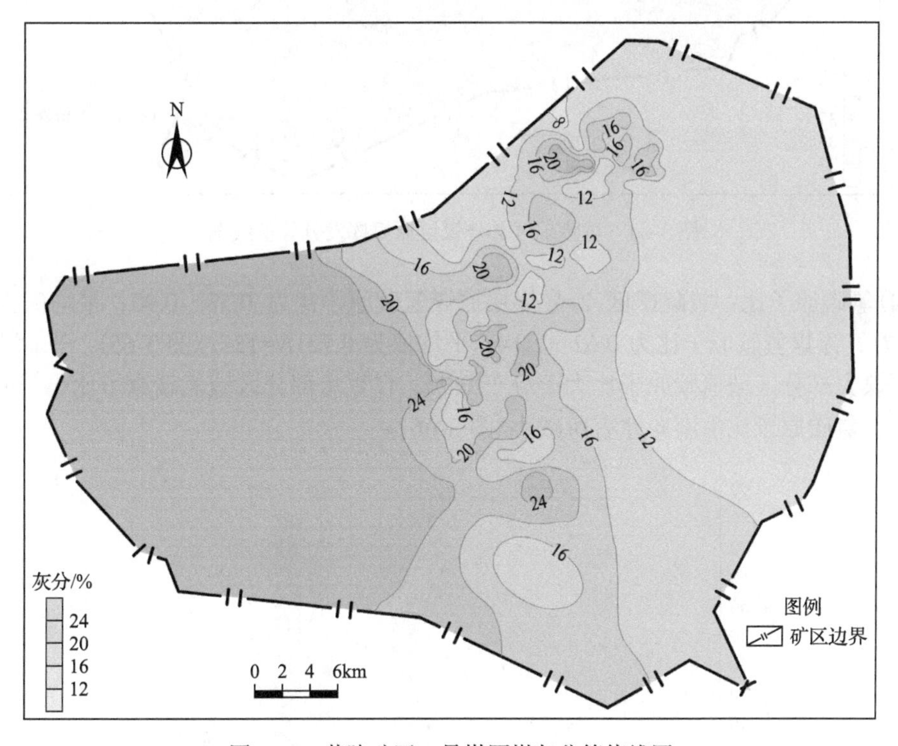

图 3-63　黄陵矿区 2 号煤原煤灰分等值线图

(3)挥发分：黄陵矿区 2 号煤层原煤挥发分为 20.61%～42.00%，平均值为 34.02%(N=216)；浮煤挥发分为 30.03%～36.36%，平均值为 33.15%(N=216)。

按《煤的挥发分产率分级》(MT/T 849—2000)，黄陵矿区 2 号煤层原煤挥发分集中在 28.0%～37.0%，为中高挥发分煤，仅少量为中等和高挥发分煤；浮选后挥发分变化较小，分布范围与原煤近一致(图 3-62)。平面上，矿区内大部分区域原煤的挥发分小于 35%，总体上，黄陵矿区 2 号煤层为中高挥发分煤，呈现出由东到西变大的趋势(图 3-64)。

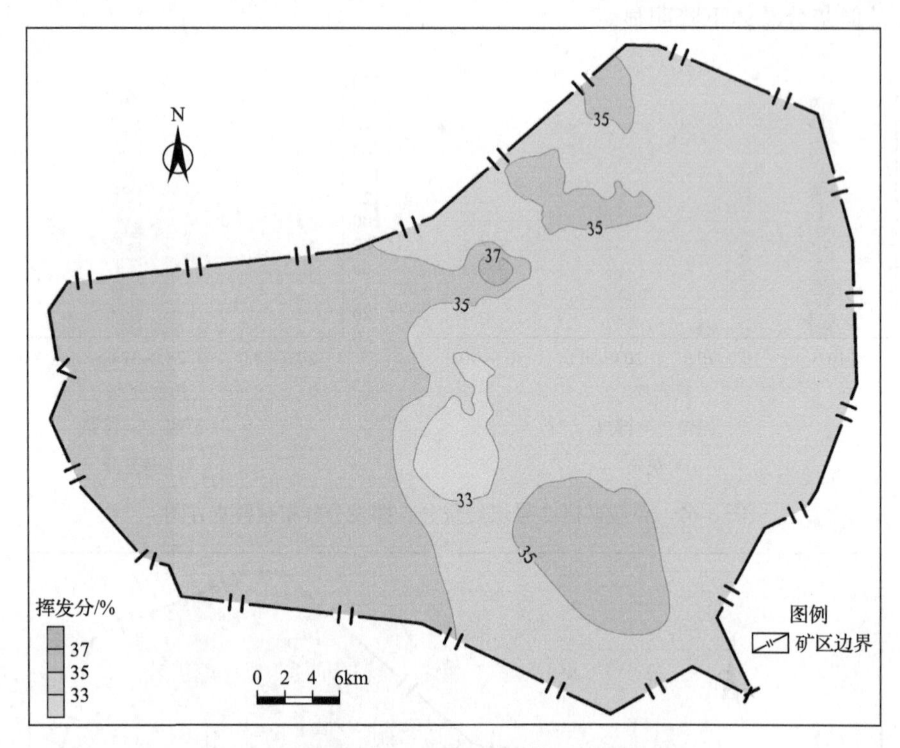

图 3-64 黄陵矿区 2 号煤层原煤挥发分等值线图

(4)氢碳原子比：黄陵矿区 2 号煤层原煤氢碳原子比为 0.58～0.90，平均值为 0.70 (N=187)；浮煤氢碳原子比为 0.62～1.14，平均值为 0.72(N=151)(图 3-65)。平面上，矿区内原煤大部分区域氢碳原子比大于等于 0.70，仅零星部分区域氢碳原子比小于 0.70；总体上，氢碳原子比由南向北有所减小(图 3-66)。

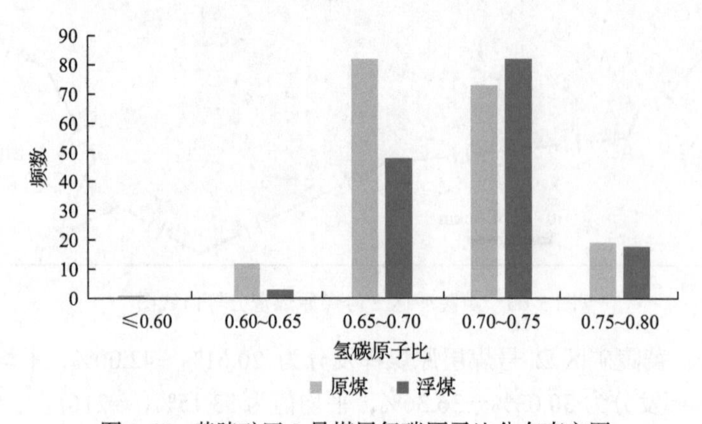

图 3-65 黄陵矿区 2 号煤层氢碳原子比分布直方图

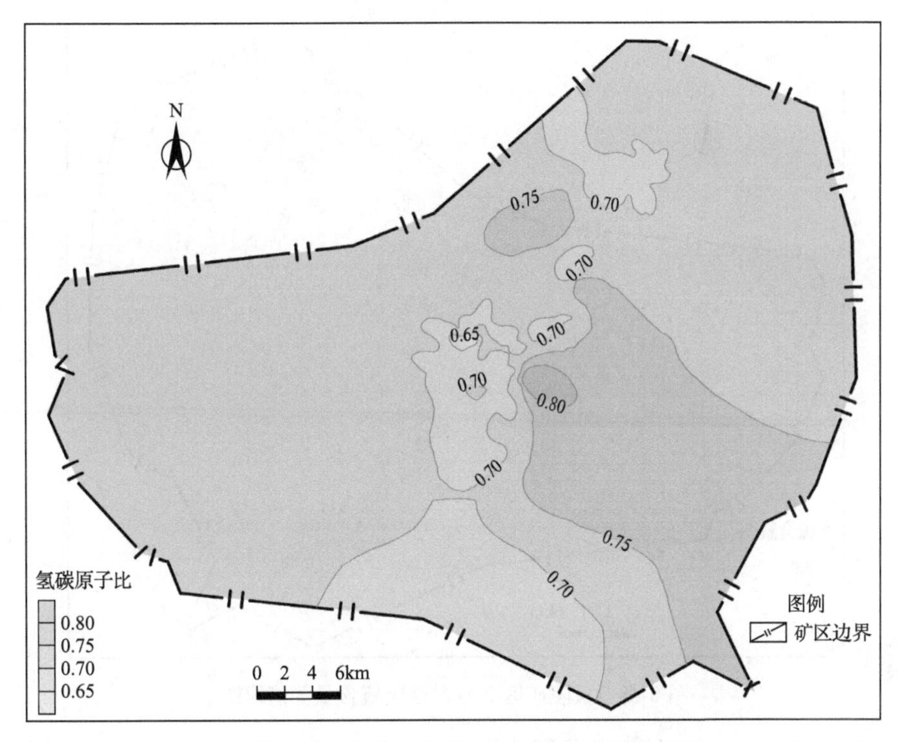

图 3-66　黄陵矿区 2 号煤层氢碳原子比等值线图

(5)全硫含量：黄陵矿区 2 号煤层原煤全硫含量为 0.14%～2.62%，平均值为 0.54%(*N*=204)；浮煤全硫含量为 0.10%～1.54%，平均值为 0.39%(*N*=206)。按《煤炭质量分级 第 2 部分：硫分》(GB/T 15224.1—2018)中煤炭资源评价硫分分级，黄陵矿区 2 号煤层原煤主要为特低硫煤—低硫煤，大部分为特低硫煤，少部分为低硫煤，极少部分为中硫煤；洗选后，浮煤绝大部分为特低硫煤，少部分为低硫煤(图 3-67)。平面上，大部分区域全硫含量小于 1.0%，在矿区西南部较小区域全硫含量大于 1.0%，达到中硫煤(图 3-68)。

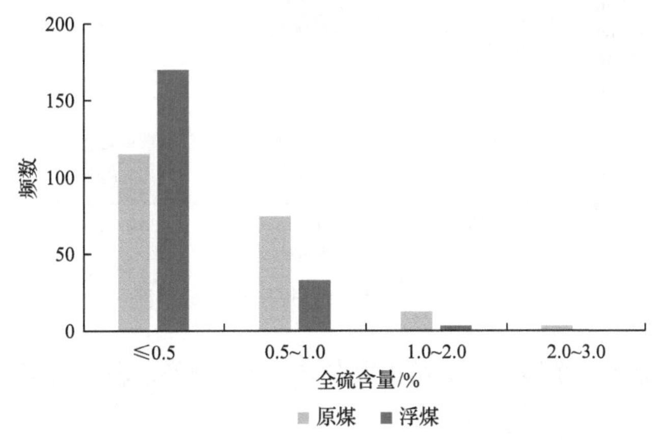

图 3-67　黄陵矿区 2 号煤层全硫含量分布直方图

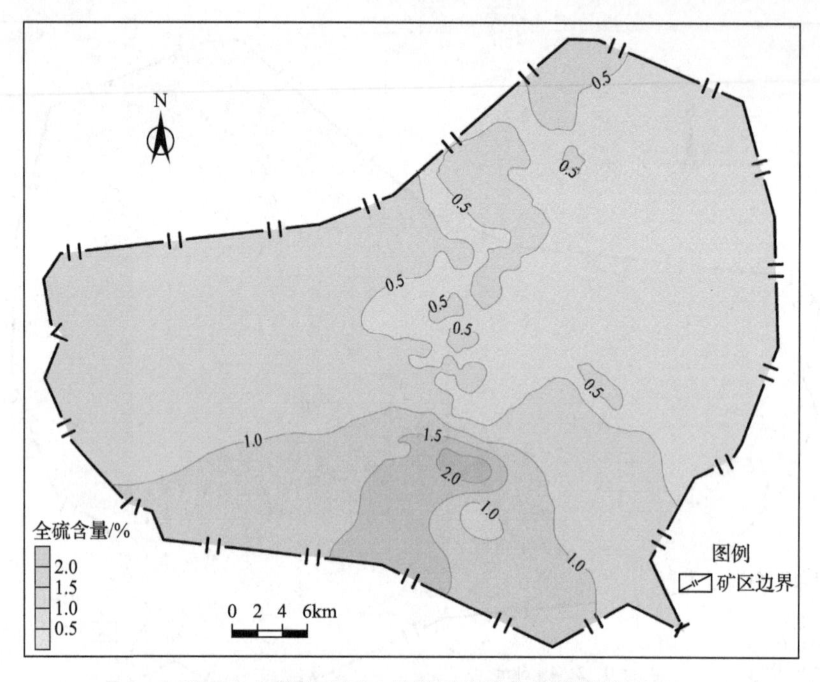

图 3-68 黄陵矿区 2 号煤层全硫含量等值线图

(6)煤灰熔融性：煤灰熔融性是影响煤炭气化的重要因素之一，同时也是煤炭气化炉工艺设计的重要指标。根据黄陵矿区煤质数据统计，2 号煤层的煤灰熔融性范围为 1160～1350℃，平均值为 1291℃(*N*=121)。参考煤灰熔融温度范围易熔灰分(煤灰熔融性＜1160℃)、中熔灰分(煤灰熔融性为 1160～＞1350℃)、难熔灰分(煤灰熔融性为 1350～＞1500℃)，可确定黄陵矿区 2 号煤层煤灰以中熔灰为主(76%)，含少量易熔灰和难熔灰(图 3-69)。

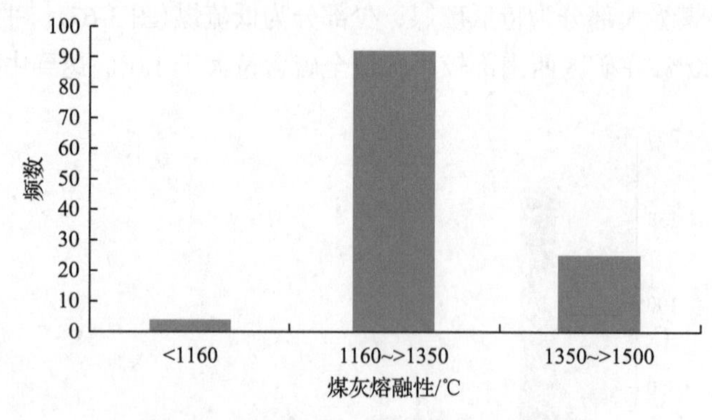

图 3-69 黄陵矿区 2 号煤层煤灰熔融性

(7)煤的黏结指数：黄陵矿区黏结指数在 5～78，煤类以弱黏结煤为主，少量为 1/2 中黏煤和气煤。

(8)煤的热稳定性：根据黄陵矿区煤质数据统计，2 号煤层煤中大多数煤燃烧后黏结成焦块状。

(9)煤灰成分：黄陵矿区 2 号煤层煤灰成分组成主要有 SiO_2、Al_2O_3、Fe_2O_3、CaO、MgO、K_2O、Na_2O、TiO_2 等。根据收集的钻孔资料分析，煤灰中主要成分 SiO_2 含量为 21.55%～70.4%，平均值为 49.43%(N=132)；Al_2O_3 含量为 11.16%～34.22%，平均值为 22.25%；Fe_2O_3 含量为 0.24%～16.45%，平均值为 4.03%；CaO 含量为 0.40%～27.28%，平均值为 12.22%；MgO 含量为 0.08%～4.84%，平均值为 1.57%；SO_3 含量为 0.20%～17.95%，平均值为 4.29%(N=128)。总体上以硅铝酸盐氧化物为主，碱性氧化物次之。

2. 煤岩特征

1) 宏观煤岩特征

黄陵矿区内 2 号煤层呈黑色，条痕呈灰褐色、深棕色及棕黑色。弱沥青—沥青光泽，断口为阶梯状、参差状，呈条带状、线理状结构，具层状、块状构造。质硬而脆，内生、外生裂隙较为发育并被方解石及黄铁矿薄膜等充填。另外，煤层中还含有少量黄铁矿结核。

2) 显微煤岩特征

从黄陵矿区 2 号煤层煤岩显微组分含量测试结果统计得知：煤中有机组分含量较高，平均可达 96.2%：其中镜质组含量为 49.5%～59.6%，平均值为 54.6%；惰质组含量为 34.0%～44.7%，平均值为 39.4%；壳质组含量为 1.3%～3.2%，平均值为 2.2%。无机组分为黏土类、碳酸盐类矿物。其中碳酸盐类的方解石矿物多以薄膜状充填于煤层外生裂隙中，黏土类矿物呈星点状散布于煤层中。

3. 煤相

黄陵矿区位于鄂尔多盆地南缘，印支运动末期该区发生区域性隆升，河流侵蚀严重。尽管早侏罗世富县组的沉积对古侵蚀面起到了一定程度的“填平补齐”作用，但在延安组沉积初期，这种隆凹地形依然存在。而该区煤系基底古地形的基本形态控制了主采煤层区域上的分布范围及其厚度的变化，次一级的地形起伏是煤层局部变化的主要因素，厚煤带均分布在凹陷的轴部地带；随着煤系垂向加积的增厚，起伏不平的古地形逐渐消失，其控煤作用减弱至无，因此古地形是控制煤系下部煤层聚积的主导因素。低洼地区形成广阔的湿地沼泽，覆水程度浅，水介质为酸性，属弱还原氧化环境，有机质凝胶化程度低，结构体发育，无机沉积作用弱，矿物质和全硫含量低。煤相的垂向演化主要由湿地沼泽相经河床相、河漫相及沼泽相，进而变为湖沼相。所以，泥炭堆积时胶凝化程度低，丝质组含量较高。

4. 异常元素分析

根据煤田勘探钻孔资料，黄陵矿区 2 号煤层 Ge、Ga、U、V 的富集系数分别为 0.96、0.92、2.06、0.57，仅 U 的富集系数大于 1，但尚未达到伴生矿产的工业品位(表 3-37)。这一特征与黄陇侏罗纪煤田其他矿区特征总体上十分相近。

表 3-37 黄陵矿区 2 号煤稀散元素统计表

元素	平均值/ppm	中国煤(代)/ppm	富集系数
Ga	6	6.55	0.92
U	5	2.43	2.06
V	19.89	35.1	0.57
Ge	2.68	2.78	0.96

三、特殊用煤资源

黄陵矿区可收集到的资料很少，收集到的资料所占矿区范围面积较小，从仅收集到的黄陵二号井田勘探地质报告和党家河勘查区煤炭勘探地质报告可知，累计资源储量为 114292 万 t，保有资源量 114292 万 t。黄陵矿区主要可采煤层为 2 号煤层，煤类主要为弱黏煤。通过对其 2 号煤层全水分、灰分、全硫含量、软化温度、流动温度等指标的分析发现(表 3-38)，黄陵矿区煤炭资源不宜直接液化，大部分适合常压固定床气化(图 3-70)。

表 3-38 黄陵矿区煤质特征对比

<table>
<tr><th colspan="2" rowspan="2">项目</th><th rowspan="2">常压固定床</th><th rowspan="2">流化床</th><th colspan="2">气流床</th><th rowspan="2">黄陵矿区
2 号煤层</th></tr>
<tr><th>水煤浆</th><th>干煤粉</th></tr>
<tr><td colspan="2" rowspan="3">水分/%</td><td>＜6(无烟煤)</td><td rowspan="3">＜40</td><td rowspan="3"></td><td rowspan="3">＜40</td><td rowspan="3">0.59～4.71
2.74</td></tr>
<tr><td>＜10(烟煤)</td></tr>
<tr><td>＜20(褐煤)</td></tr>
<tr><td colspan="2" rowspan="2">灰分/%</td><td>＜22(无烟块煤)</td><td rowspan="2">＜40</td><td rowspan="2">＜25</td><td rowspan="2">＜25</td><td rowspan="2">5.06～36.60
16.89</td></tr>
<tr><td>＜25(其他块煤)</td></tr>
<tr><td colspan="2">全硫含量/%</td><td>＜1.5</td><td>＜3</td><td>＜3</td><td>＜3</td><td>0.14～2.62
0.54</td></tr>
<tr><td rowspan="3">煤灰
熔融性</td><td rowspan="2">软化温度/℃</td><td>≥1250</td><td rowspan="2">≥1050</td><td rowspan="2"></td><td rowspan="2"></td><td>1120～>1490
1291</td></tr>
<tr><td>≥1150
(A_d≤18.00%)</td><td></td></tr>
<tr><td>流动温度/℃</td><td></td><td></td><td>1100～1350</td><td>1100～1450</td><td>1140～1500</td></tr>
<tr><td colspan="2">煤对 CO_2 反应性
(950℃)/%</td><td></td><td>＞60</td><td></td><td></td><td></td></tr>
<tr><td colspan="2">哈氏可磨性指数</td><td></td><td></td><td>≥40</td><td>≥40</td><td>59～76</td></tr>
<tr><td colspan="2">黏结指数</td><td>＜50</td><td>＜50</td><td></td><td></td><td>5～78</td></tr>
<tr><td colspan="2">热稳定性/%</td><td>＞60</td><td></td><td></td><td></td><td>82～98</td></tr>
<tr><td colspan="2">成浆浓度/%</td><td></td><td></td><td>≥55</td><td></td><td></td></tr>
<tr><td colspan="2">落下强度/%</td><td>＞60</td><td></td><td></td><td></td><td></td></tr>
</table>

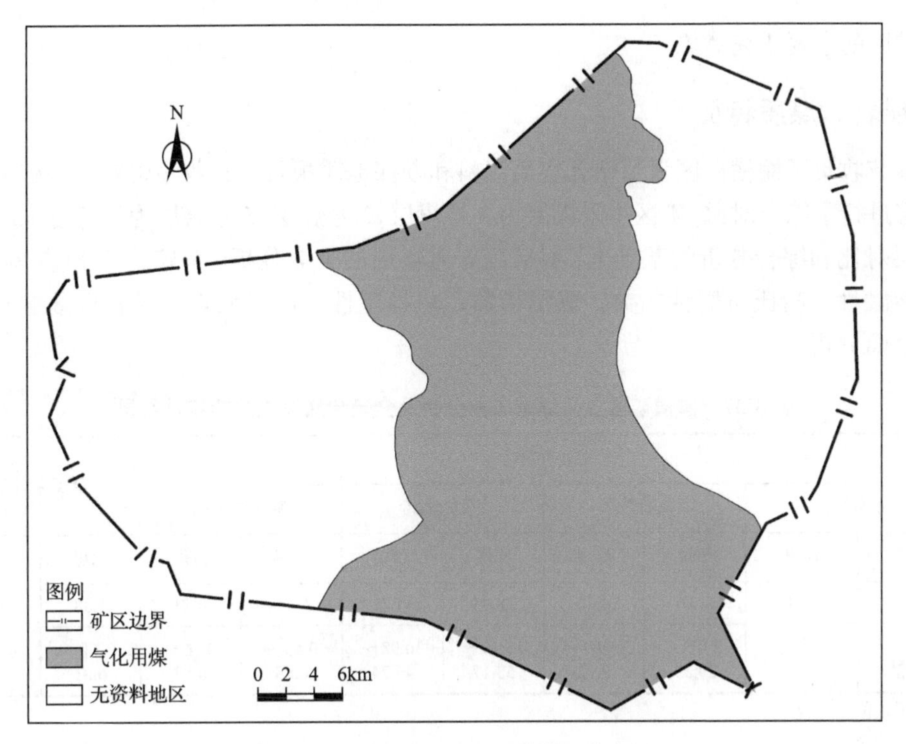

图 3-70　黄陵矿区特殊用煤资源分布图

第九节　榆 横 矿 区

一、矿区概况

榆横矿区位于陕西省北部榆林市横山区境内，地理坐标东经 108°30′～110°00′，北纬 37°20′～38°00′，与榆神矿区毗邻，西为陕蒙边界。

矿区划分为 19 个井田（合作区、残采区），分别为：大海则井田、可可盖井田、小纪汉井田、乌素海则井田、巴拉素井田、西红墩井田、袁大滩井田、红石峡井田、十六合井田、红石桥井田、波罗井田、魏墙井田、朱家峁井田、芦河井田、芦殿井田、牛梁合作区、小窑残采区、寺梁合作区、韩岔合作区。

矿区地层由老到新有：上三叠统永坪组（T_3y）、瓦窑堡组（T_3w），下侏罗统富县组（J_1f），中侏罗统延安组（J_2y）、直罗组（J_2z）、安定组（J_2a），下白垩统洛河组（K_1l）、华池组（K_1h），中更新统离石组（$Q_{p2}l$），上更新统萨拉乌苏组$\left(Q_{p3}^{1}s\right)$，全新统冲、洪积层$\left(Q_h^{1al+pl}、Q_h^{2al+pl}\right)$及风积沙层$\left(Q_h^{2eol}\right)$。

榆横矿区属陕北侏罗纪煤田。含煤地层为侏罗系延安组，该矿区含煤层十几层，其中可采煤层为 2 号煤层、3 号煤层、4 号煤层、5 号煤层、8 号煤层，3 号煤层为全区主采煤层，2 号煤层、4 号煤层、5 号煤层、8 号煤层在个别井田零星可采，故 3 号煤层作为该矿区的主要研究对象。

二、煤岩、煤质特征

本节收集了榆横矿区大量钻孔煤质资料和勘探地质报告。在收集资料的基础上，对各煤层进行了综合对比，矿区主采煤层为 3 号煤层，2 号煤层、5 号煤层为局部可采煤层，在煤层对比和综合分析的基础上，对矿区 3 号煤层的工业分析、全硫、灰分（表 3-39）、煤灰熔融性、哈氏可磨性指数、黏结指数、热稳定性、微量元素、煤岩显微组分等进行了全面分析。

表 3-39　榆横矿区 3 号煤层工业分析及全硫含量测试分析统计结果

工业分析								全硫含量/%	
水分/%		灰分/%		挥发分/%		氢碳原子比			
原煤	浮煤	原煤	浮煤	原煤	浮煤	原煤	浮煤	原煤	浮煤
5.93[a]	4.01	11.01	4.20	38.74	37.71	0.71	0.73	1.88	1.14
0.95～13.02[b]	0.87～9.92	3.42～29.33	1.91～9.12	21.19～53.17	30.98～46.24	0.45～0.89	0.34～0.87	0.34～6.01	0.08～2.22

a. 平均值。
b. 取值范围。

1. 煤质特征

（1）水分：榆横矿区 3 号煤层原煤水分含量为 0.95%～13.02%，平均值为 5.93%（*N*=867）；浮煤水分含量为 0.87%～9.92%，平均值为 4.01%（*N*=866）。

（2）灰分：榆横矿区 3 号煤层原煤灰分为 3.42%～29.33%，平均值为 11.01%（*N*=865）；浮煤灰分为 1.91%～9.12%，平均值为 4.20%（*N*=795）。

按《煤炭质量分级 第 1 部分：灰分》（GB/T 15224.1—2018）中煤炭资源评价灰分分级，榆横矿区 3 号煤层主要为低灰煤、特低灰煤，洗选后，绝大部分灰分小于等于 10%，以特低灰煤为主（图 3-71）。平面上，全区原煤灰分以低灰煤占大面积，总体表现为中部低、南部及北部较高的特征，只在南部预留区及小纪汉井田灰分稍高（图 3-72）。

（3）挥发分：榆横矿区 3 号煤层原煤挥发分为 21.19%～53.17%，平均值为 38.74%（*N*=865）；浮煤挥发分为 30.98%～46.24%，平均值为 37.71%（*N*=866）。

按《煤的挥发分产率分级》（MT/T 849—2000），榆横矿区 3 号煤层原煤挥发分大部分集中在 37.0%～50.0%，为高挥发分煤，小部分集中在 28.0%～37.0%，为中高挥发分煤；浮选后挥发分变化较小，分布范围与原煤近一致（图 3-73）。平面上，矿区绝大部分区域挥发分在 35%～40%，乌素海则井田 3 号煤层挥发分偏低。整体上，矿区的 3 号煤层挥发分北部略低、南部略高，变化不大，属高挥发分煤（图 3-74）。

（4）氢碳原子比：榆横矿区 3 号煤层原煤氢碳原子比为 0.45～0.89，平均值为 0.71（*N*=562）；浮煤氢碳原子比为 0.34～0.87，平均值为 0.73（*N*=542）。

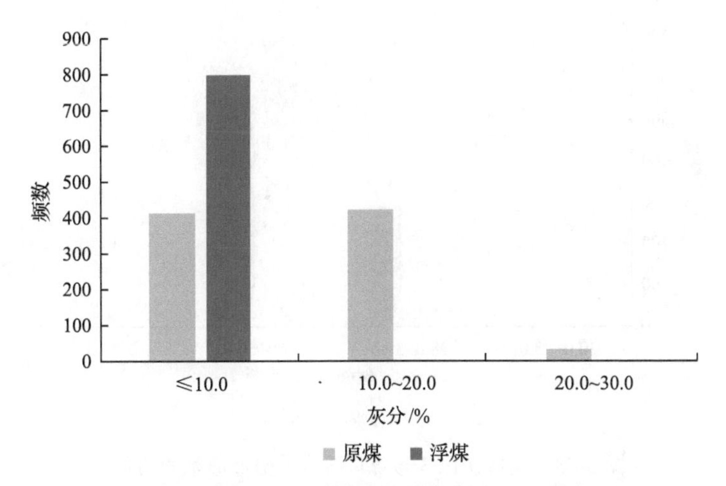

图 3-71　榆横矿区 3 号煤层灰分产率分布频数直方图

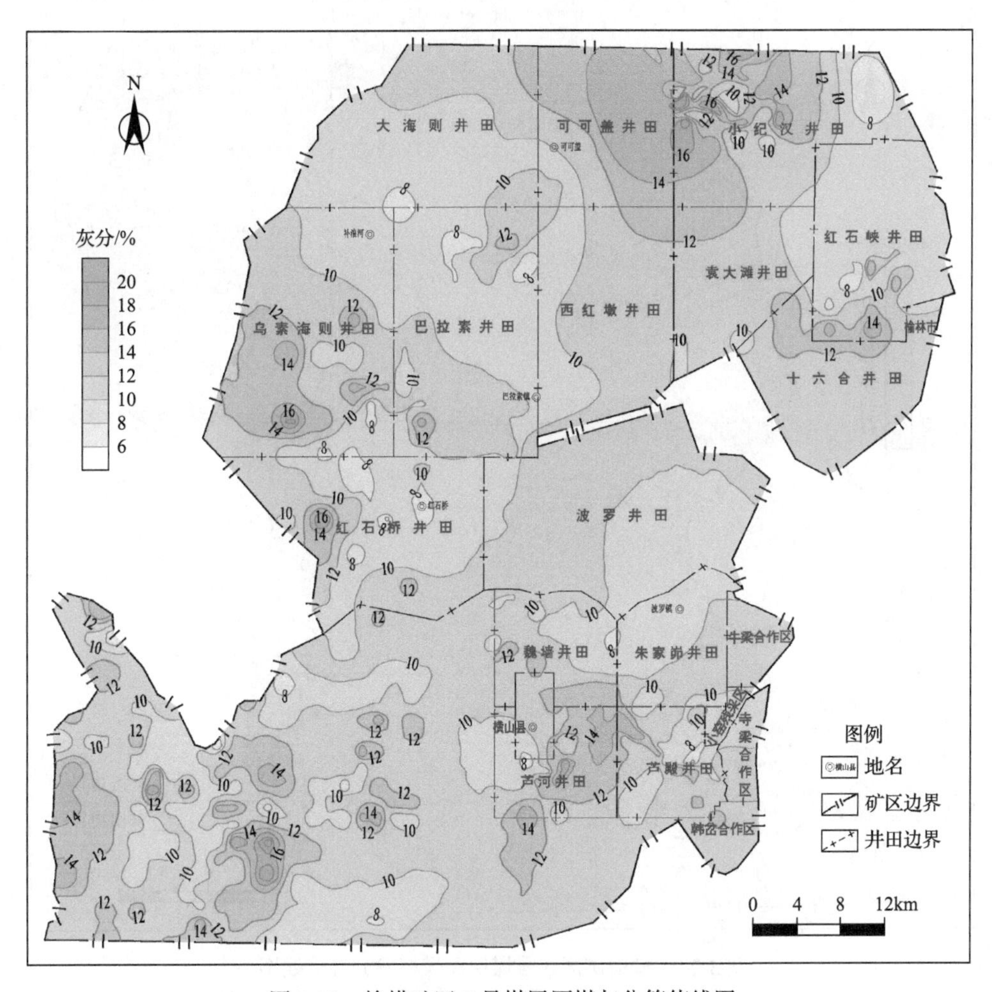

图 3-72　榆横矿区 3 号煤层原煤灰分等值线图

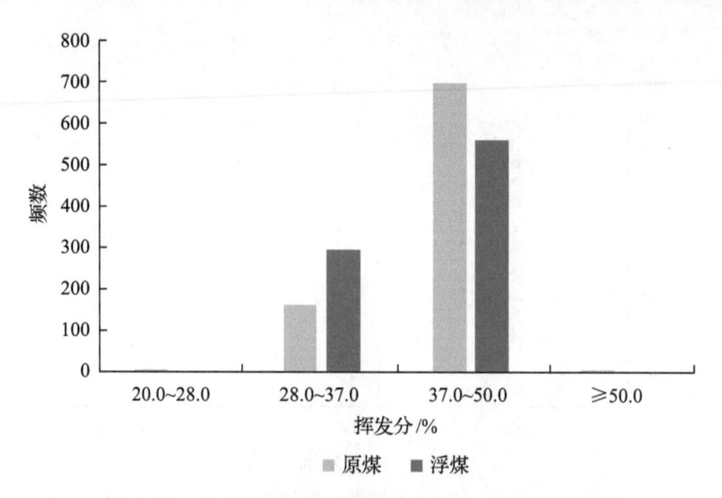

图 3-73 榆横矿区 3 号煤层挥发分分布频数直方图

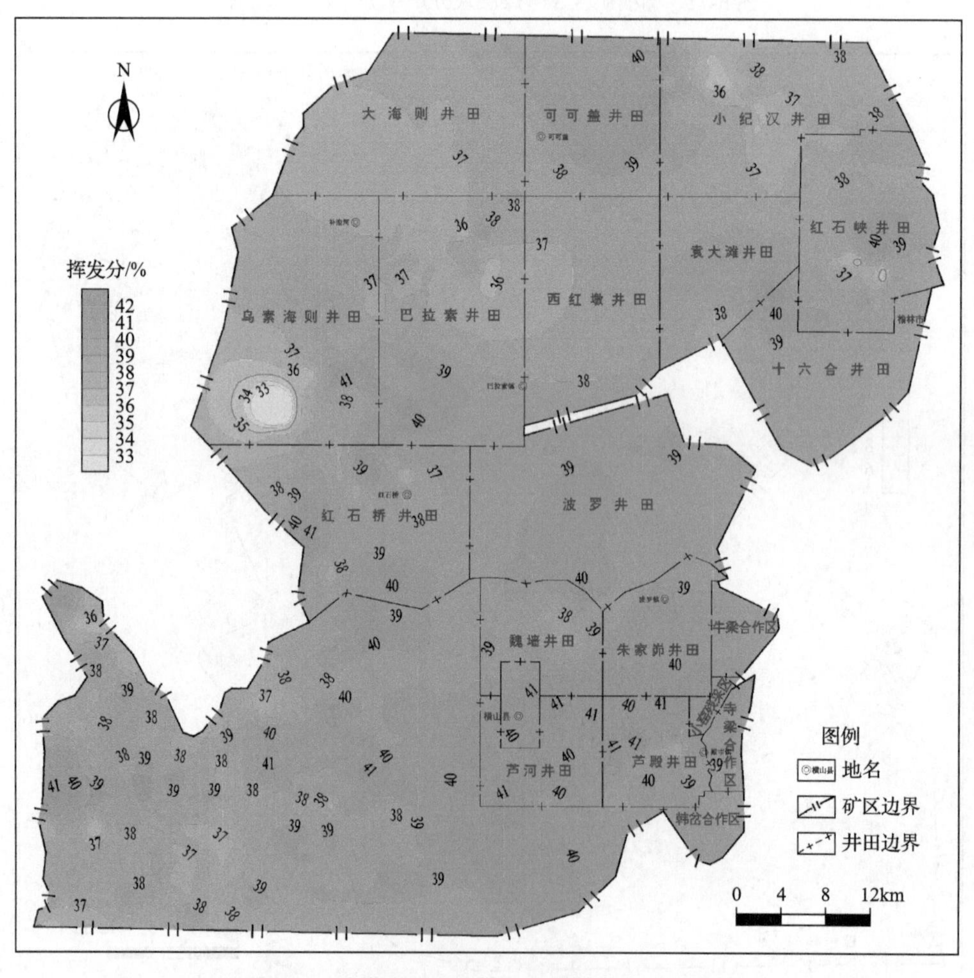

图 3-74 榆横矿区 3 号煤层原煤挥发分等值线图

榆横矿区 3 号煤层原煤氢碳原子比总体上呈现以 0.70～0.75 为中心的正态分布，主要分布在0.70～0.80(图3-75)。平面上，矿区内绝大部分区域氢碳原子比为0.70～0.80，整体上榆横矿区3号煤层原煤氢碳原子比表现为中部较高，北部、南部较低(图3-76)。

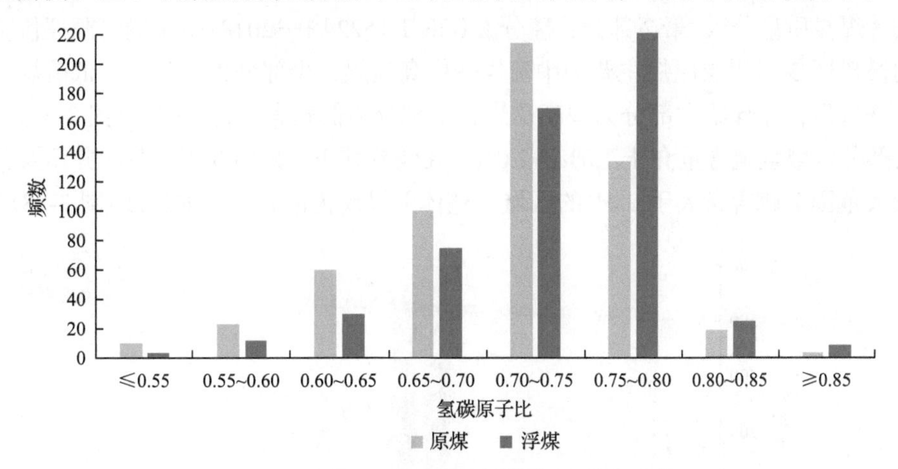

图3-75 榆横矿区3号煤氢碳原子比分布直方图

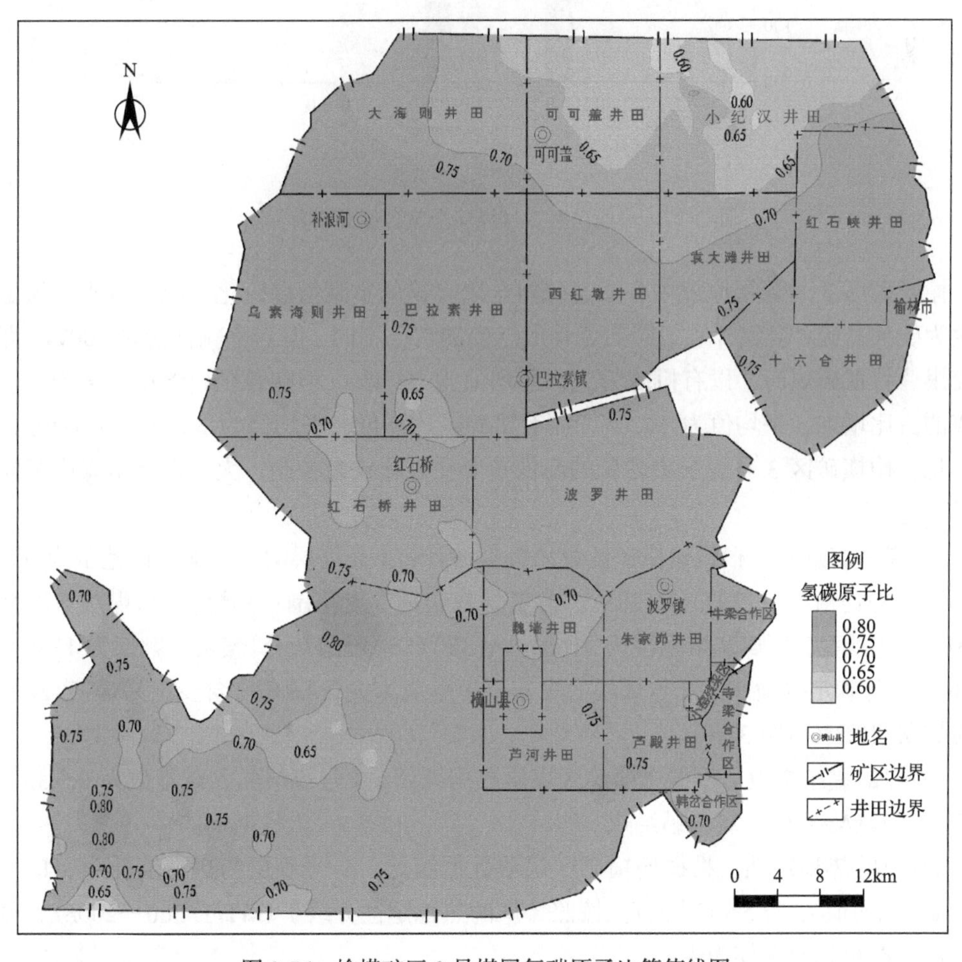

图3-76 榆横矿区3号煤层氢碳原子比等值线图

(5)全硫含量：榆横矿区 3 号煤层原煤全硫含量为 0.34%～6.01%，平均值为 1.88%(*N*=867)；浮煤全硫含量为 0.08%～2.22%，平均值为 1.14%(*N*=866)。

按《煤炭质量分级 第 2 部分：硫分》(GB/T 15224.1—2018)中煤炭资源评价硫分分级，榆横矿区 3 号煤层原煤主要为中硫煤—中高硫煤，少部分为高硫煤、低硫煤、特低硫煤；洗选后，浮煤绝大部分为中高硫煤，少部分为低硫煤、特低硫煤(图 3-77)。平面上，大部分区域全硫含量介于 1.0%～2.0%，在波罗井田、魏墙井田、芦殿井田及预留区存在较大范围全硫含量大于 2.0%的区域，整体上呈现为南高北低的局面(图 3-78)。

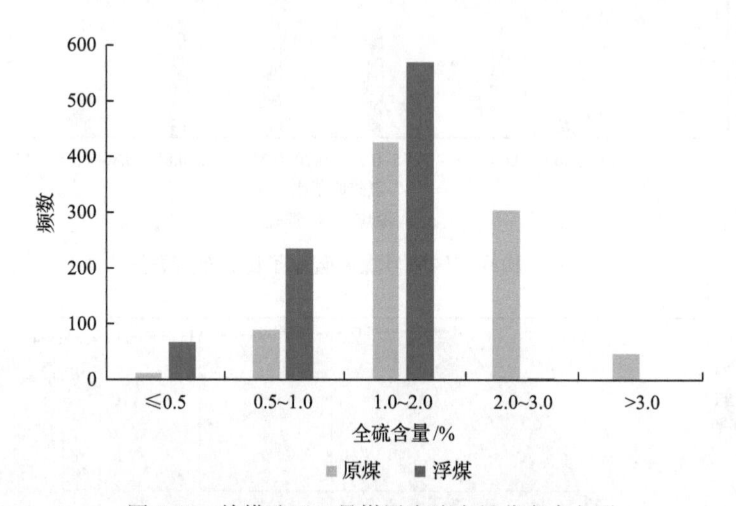

图 3-77 榆横矿区 3 号煤层全硫含量分布直方图

榆横矿区 3 号煤层原煤中各形态硫对全硫含量的贡献值以硫化铁硫、有机硫为主，其次为硫酸盐硫；全硫含量不同的煤其形态硫的占比不同，但当全硫含量≤1.00%，即为低硫煤、特低硫煤时，以有机硫为主，平均值为 51.4%，但随着全硫含量的增加，硫化铁硫的占比增加，平均值为 56.7%，而有机硫占比降低，平均值为 32.0%(图 3-79)，由此可见，榆横矿区 3 号煤层中含硫的高低主要受硫化铁硫控制，大多数是由煤中黄铁矿等所引起的。

(6)煤灰熔融性：根据榆横矿区煤质数据统计，3 号煤层的煤灰熔融性范围为 990～1530℃，平均值为 1229℃(*N*=285)。参考煤灰熔融温度范围：易熔灰分(煤灰熔融性＜1160℃)、中熔灰分(煤灰熔融性为 1160～＞1350℃)、难熔灰分(煤灰熔融性为 1350～＞1500℃)，可确定榆横矿区 3 号煤层的煤灰以中熔灰为主(64.9%)，含少量易熔灰(22.8%)和难熔灰(12.3%)(图 3-80)。

(7)煤的黏结指数：根据榆横矿区煤质数据统计，3 号煤层的黏结指数为 0～35，平均值为 8.42(*N*=836)，属弱黏结煤。

(8)煤的热稳定性：根据榆横矿区煤质数据统计，3 号煤层的热稳定性为 41.5%～95.0%，平均值为 77.5%(*N*=60)。按照《煤的热稳定性分级》(MT/T 560—2008)，榆横矿区以中高热稳定性煤为主。

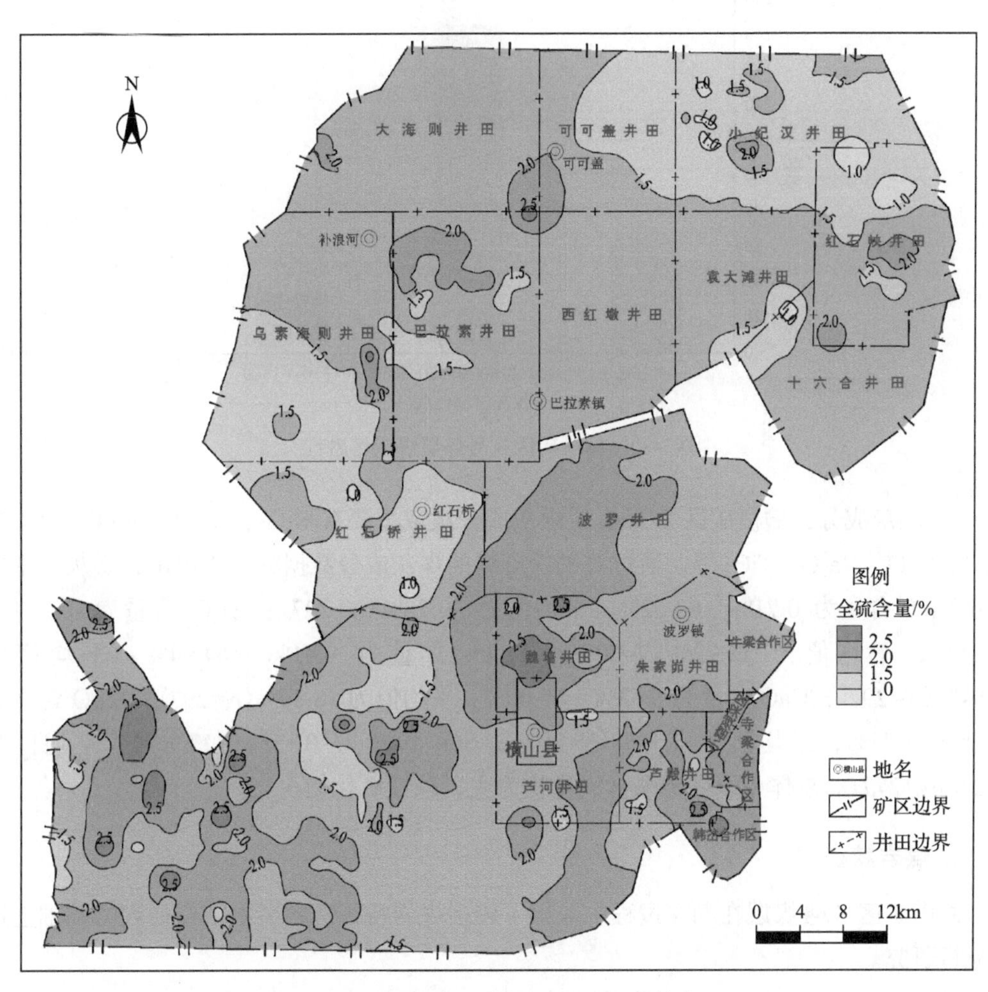

图 3-78 榆横矿区 3 煤层全硫含量等值线图

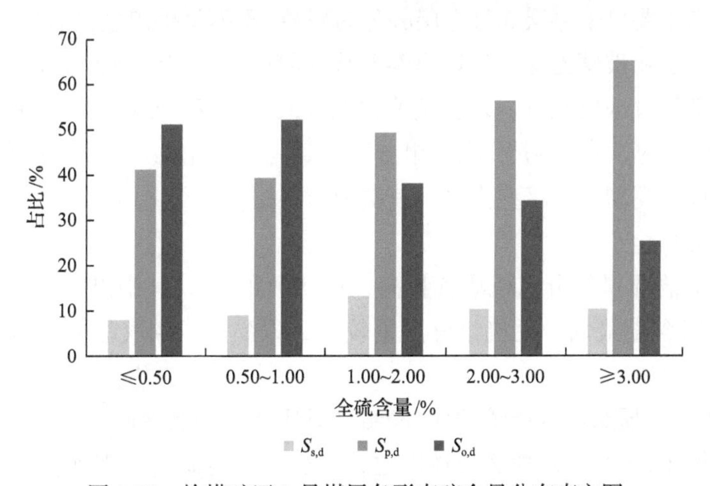

图 3-79 榆横矿区 3 号煤层各形态硫含量分布直方图

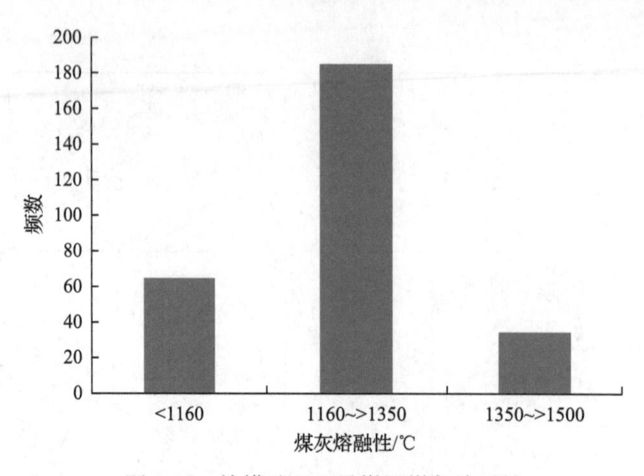

图 3-80　榆横矿区 3 号煤层煤灰熔融性

(9)煤灰成分：榆横矿区 3 号煤层煤灰成分组成主要有 SiO_2、Al_2O_3、Fe_2O_3、CaO、MgO、K_2O、Na_2O、TiO_2 等。通过对勘探资料的煤灰成分数据的分析得出，煤灰中主要成分 SiO_2 含量为 0.71%～60.62%，平均值为 30.70%(N=297)；Al_2O_3 含量为 0.25%～29.81%，平均值为 12.22%(N=297)；Fe_2O_3 含量为 0.41%～64.94%，平均值为 17.94%(N=297)；CaO 含量为 0.63%～65.00%，平均值为 18.80%(N=297)；MgO 含量为 0.07%～3.77%，平均值为 1.12%(N=291)；SO_3 含量为 0.15%～27.96%，平均值为 9.53%(N=277)。总体上以硅铝酸盐氧化物为主，碱性氧化物次之。

2. 煤岩特征

榆横矿区 3 号煤层在勘探过程中取得了较多煤岩特征资料，本节在前人的基础上进行分析研究。

1)宏观煤岩特征

榆横矿区内主要可采煤层 3 号煤层颜色为黑色，条痕呈褐黑色，弱沥青—沥青光泽，部分为暗淡光泽、弱玻璃光泽；断口呈参差状、阶梯状，部分为贝壳状；硬度中等，性较脆，内生裂隙发育或较发育，外生裂隙较发育或不发育，裂隙常被方解石和黄铁矿薄膜充填；条带状结构，层状构造。煤岩组分以亮煤为主，暗煤次之，含少量镜煤及丝炭。宏观煤岩类型以半亮型、半暗型为主，其次为暗淡型。

2)显微煤岩特征

榆横矿区煤岩显微组分有机质含量高，达 90%以上，其中以镜质组为主，其次为惰质组，壳质组含量最低；无机组分含量较低，以黏土、碳酸盐岩和氧化物类矿物为主(表 3-40)。

(1)镜质组：镜质组以基质镜质体(胶结半丝质体、碎屑惰质体、氧化丝质体等，少数被黏土矿物浸染)为主，均质镜质体次之，含少量结构镜质体(胞腔变形，多中空，少数被黏土充填)、团块镜质体。①均质镜质体均一，纯净，在垂直层理切面中呈宽窄不等

表 3-40　榆横矿区 3 号煤层显微组分定量分析统计结果(钻孔)（单位：%）

孔号	矿物基			$R_{o,max}$	矿物含量
	镜质组	惰质组	壳质组		
ZK1302	76.50	17.10	2.20	0.54	4.20
ZK1203	73.40	16.60	3.10	0.55	6.90
ZK1606	45.90	41.60	4.50	0.56	8.00
ZK1104	74.70	17.60	2.00	0.57	5.70
ZK0205	77.60	19.00	0.00	0.581	3.40
ZK1405	71.90	20.40	2.60	0.59	5.10
ZK0802	45.05	51.05	0.65	0.605	3.25
ZK0909	35.70	57.60	1.90	0.61	4.80
ZK1608	47.00	44.49	4.70	0.62	3.80
ZK0407	38.10	60.20	0.50	0.63	1.20
ZK1204	48.30	33.90	7.40	0.63	10.40
ZK0905	73.20	25.10	0.00	0.637	1.70
ZK0408	63.60	34.70	0.00	0.649	1.70
ZK0307	75.70	21.90	0.00	0.653	2.40

的条带状；②基质镜质体胶结了其他显微组分及矿物；③结构镜质体细胞壁经不同程度膨胀后，细胞腔变形区已消失。矿区内煤中镜质组含量占煤中总矿物含量的 35.70%～77.60%，平均值仅为 60.48%(N=14)，这一特征在矿区内分布较为稳定。

(2)惰质组：惰质组以碎屑惰质体为主，其次为半丝质体，含少量粗粒体、微粒体及菌类体。矿区内 3 号煤层中惰质组含量介于 16.60%～60.20%，平均占总含量的 32.95%(N=14)。

(3)壳质组：壳质组主要为小孢子体、树脂体，含少量角质体。油浸反射光下呈灰黑色，中高突起，常见小孢子体，其长轴小于 100μm，呈蠕虫状单个个体出现。矿区内 3 号煤层中壳质组含量为 0.00%～7.40%，平均占煤总量的 2.11%(N=14)。

(4)矿物：榆横矿区 3 号煤层样品中无机矿物以黏土类矿物为主，其次为碳酸盐、硫化物类矿物，碳酸盐类矿物主要为方解石，部分样品有黄铁矿填充于丝质体或镜质体粗大缝隙中，无机显微组分总量占煤岩矿物总量的 1.20%～10.40%，平均值为 4.47%(N=14)。

(5)煤的镜质组平均最大反射率：根据对榆横矿区 3 号煤层样品的测试数据统计，其镜质组平均最大反射率为 0.54～0.653，平均值为 0.602。

3. 煤相

煤中灰分与元素含量和成煤环境密切相关。3 号煤层样品原煤灰分平均值为 11.01%，大多属于低灰煤，表明成煤时期外来杂质较少，受到河流作用的影响较小。所以成煤时期该矿区具有较弱的河流作用，外来杂质较少，水体不深，可能位于三角洲平原的分流间湾处。

在煤相研究方面，从 TPI-GI 相图可知，煤样参数点多落在潮湿森林沼泽相及其与干燥森林沼泽相的交界处，说明当时聚煤条件属于干燥—潮湿的森林沼泽环境，3 号煤层形成于延安组沉积期的中后期，表明该时期为研究区由湿润环境向干燥环境过渡的阶段。

4. 微量元素

本节通过对榆横矿区 3 号煤层的微量元素收集数据的分析可知，矿区无明显的微量元素富集，只在个别点上微量元素含量较高(表 3-41)。

表 3-41 榆横矿区 3 号煤层微量元素分析统计结果

元素	含量/($10^{-6}\mu g/g$)	中国煤(代)/($\mu g/g$)	富集系数
Ge	$\frac{0\sim123^{a}}{4.54^{b}(N=715)}$	2.78	1.63
Ga	$\frac{0\sim36}{4.68(N=715)}$	6.55	0.71
U	$\frac{0\sim65}{3.35(N=715)}$	2.43	1.38

a 表示取值范围。

b 表示平均值。

三、特殊用煤资源

截至目前，该矿区所有井田均已建井开采。截至 2015 年底，全矿区累计资源储量为 9911376.85 万 t，保有资源量为 4969654.97 万 t，基础储量为 4914.33 万 t，资源量为 4964740.64 万 t。榆横矿区主要可采煤层为 3 号煤层，煤类为不黏煤，少量为弱黏煤，通过对 3 号煤层全水分、灰分、全硫、软化温度、流动温度等指标分析发现，榆横矿区煤炭资源主要适合用于直接液化，小部分适合常压固定床气化及流化床气化。

由于各个井田的资源量情况收录不全，依据乌素海则井田、巴拉素井田、红石桥井田、红石峡井田、魏墙井田、芦河井田、芦殿井田、可可盖井田、小纪汉井田的资源量统计，截至 2015 年底，优质液化用煤的保有资源量为 53 亿 t，中等液化用煤的保有资源量为 3.57 亿 t，适合常压固定床气化用煤保有资源量为 7.42 亿 t，适合流化床气化用煤保有资源量为 7.07 亿 t(图 3-81)。

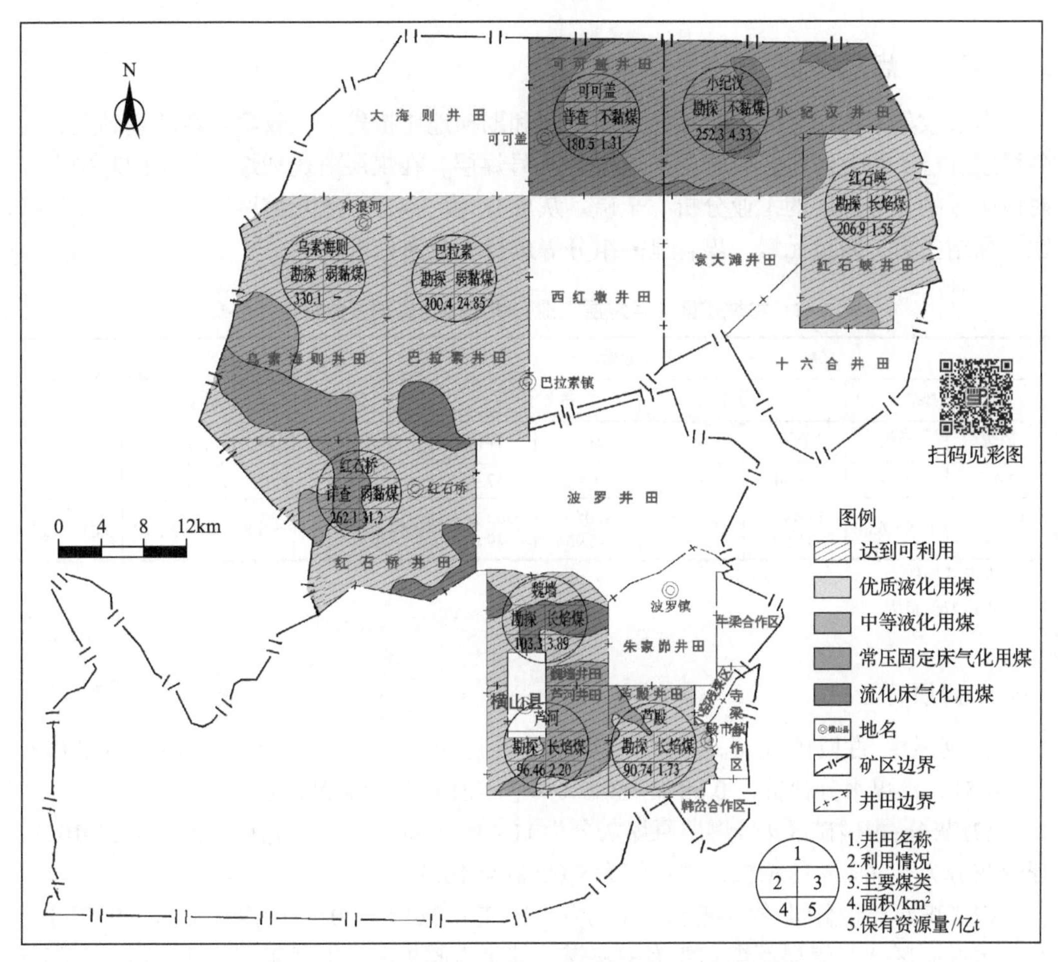

图 3-81　榆横矿区 3 号煤层特殊用煤资源潜力评价

第十节　古 城 矿 区

一、矿区概况

陕北石炭纪—二叠纪煤田古城矿区位于陕西省府谷县北部，距府谷县城直线距离约 50km，矿区东西宽约 24km，南北长约 31km，面积为 319km^2，资源储量 33.73 亿 t。古城矿区共划分为三个井田，分别为一号井田、二号井田和远景勘查区。

矿区构造简单，地层总体为一向南西微倾的近水平地层，平均倾角小于 3°，局部发育宽缓的波状起伏和小的隆起，无岩浆活动痕迹，东北部有挠褶带。主要含煤地层为上石炭统—下二叠统太原组与下二叠统—中二叠统山西组，共含煤层 4～12 层，可采煤层分别为山西组 4 号煤层、太原组 8 号煤层、9^{-1} 号煤层，其中 4 号煤层为全区主采煤层。

二、煤岩、煤质特征

本节收集了古城矿区大量钻孔煤质资料和勘探地质报告。在收集资料的基础上，对各煤层进行了综合对比，矿区主采煤层为 4 号煤层，在煤层对比和综合分析的基础上，对该矿区的 4 号煤层的工业分析、全硫、灰成分(表 3-42)、煤灰熔融性、哈氏可磨性指数、黏结指数、微量元素、煤岩显微组分等进行了全面分析。

表 3-42　古城矿区 4 号煤层工业分析及硫含量测试分析统计结果

工业分析								全硫含量/%	
水分/%		灰分/%		挥发分/%		氢碳原子比			
原煤	浮煤	原煤	浮煤	原煤	浮煤	原煤	浮煤	原煤	浮煤
2.08[a]	1.74	23.34	9.03	38.91	37.97	0.77	0.76	0.55	0.54
0.43～6.43[b]	0.68～6.86	11.49～37.50	5.86～13.61	36.05～42.96	30.62～49.67	0.69～1.02	0.68～0.83	0.06～2.01	0.01～1.07

a 表示平均值。

b 表示取值范围。

1. 煤质特征

(1)水分：古城矿区 4 号煤层原煤水分含量为 0.43%～6.43%，平均值为 2.08%(N=105)；浮煤水分含量为 0.68%～6.86%，平均值为 1.74%(N=105)。

(2)灰分：古城矿区 4 号煤层原煤灰分为 11.49%～37.50%，平均值为 23.34%(N=105)；浮煤灰分为 5.86%～13.61%，平均值为 9.03%(N=105)。

按《煤炭质量分级 第 1 部分：灰分》(GB/T 15224.1—2018)中煤炭资源评价灰分分级，古城矿区 4 号煤层原煤主要为中灰煤，其次为低灰煤、中高灰煤；洗选后，大部分灰分小于等于 10%，以特低灰煤为主，含少量低灰煤(图 3-82)。在平面分布上，大部分区域挥发分大于 20%，以中灰煤为主，灰分产率大于 32%的区域主要分布在矿区中部二号井田，灰分产率总体表现为中部高两边低的特征(图 3-83)。

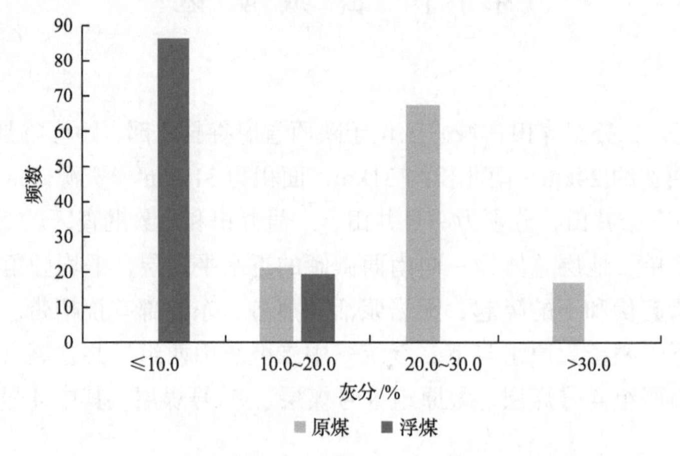

图 3-82　古城矿区 4 号煤层灰分分布频数直方图

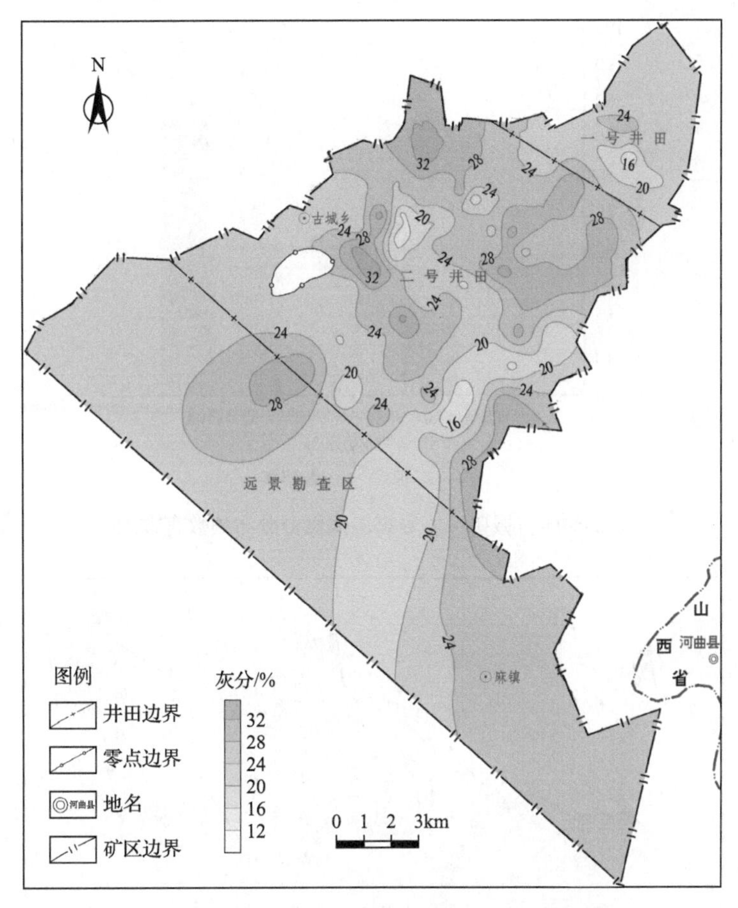

图 3-83　古城矿区 4 号煤层原煤灰分等值线图

(3)挥发分：古城矿区 4 号煤层原煤挥发分为 36.05%～42.96%，平均值为 38.91%(*N*=105)；浮煤挥发分为 30.62%～49.67%，平均值为 37.97%(*N*=105)。

按《煤的挥发分产率分级》(MT/T 849—2000)，古城矿区 4 号煤层原煤挥发分大部分集中在 37.0%～50.0%，为高挥发分煤，小部分集中在 28.0%～37.0%，为中高挥发分煤；浮选后挥发分变化较小，分布范围与原煤近一致(图 3-84)。在平面分布上，远景勘查区西部挥发分偏低，一般在 37%～40%，远景勘查区东部向北西延伸至二号井田，挥发分较高，一般在 39%～42%，二号井田东部及一号井田挥发分中等，一般在 38%～41%。古城矿区挥发分整体表现为中部高、两侧低，呈北西-南东向展布(图 3-85)。

(4)氢碳原子比：古城矿区 4 号煤层原煤氢碳原子比为 0.69～1.02，平均值为 0.77(*N*=21)；浮煤氢碳原子比为 0.68～0.83，平均值为 0.76(*N*=43)。

古城矿区 4 号煤层原煤氢碳原子比总体上呈现以 0.70～0.75 为中心的正态分布，主要分布在 0.70～0.75；浮煤氢碳原子比总体上呈现以 0.75～0.80 为中心的正态分布，主要分布在 0.75～0.80(图 3-86)。在平面分布上，二号井田氢碳原子比偏高，一般在 0.75～0.85。二号井田东北部、一号井田及远景勘查区氢碳原子比偏低，一般在 0.65～0.75(图 3-87)。

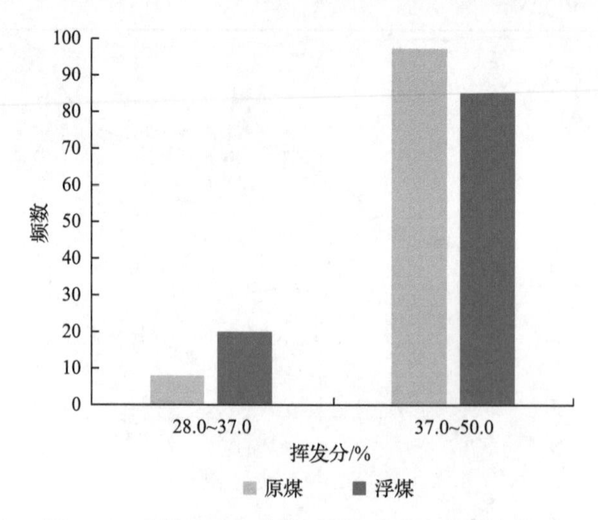

图 3-84　古城矿区 4 号煤层挥发分分布频数直方图

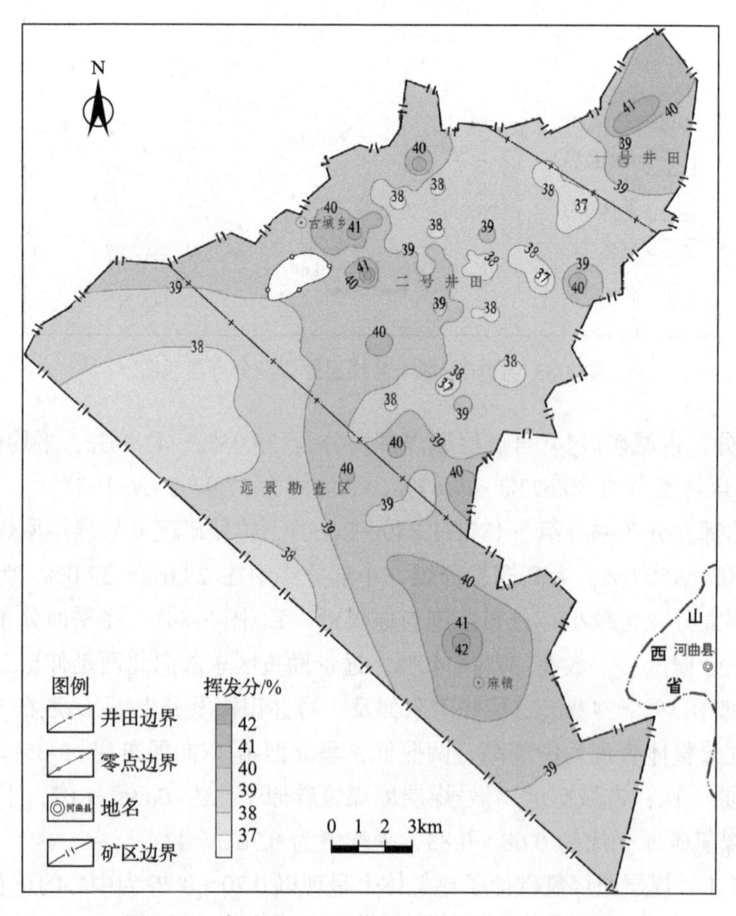

图 3-85　古城矿区 4 号煤层原煤挥发分等值线图

(5)全硫含量：古城矿区 4 号煤层原煤全硫含量为 0.06%～2.01%，平均值为 0.55%(*N*=102)；浮煤全硫含量为 0.01%～1.07%，平均值为 0.54%(*N*=93)。

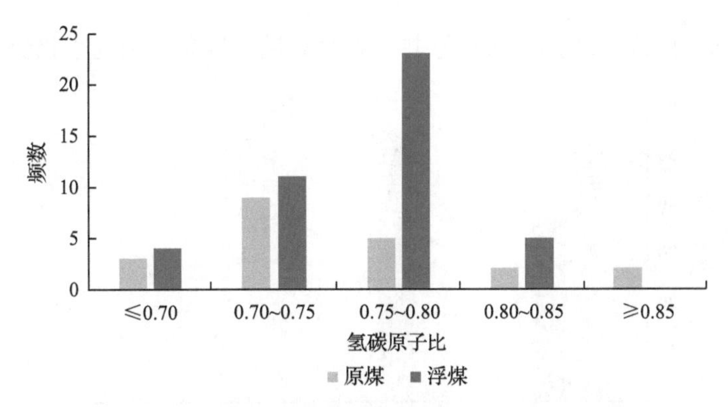

图 3-86　古城矿区 4 号煤层氢碳原子比分布直方图

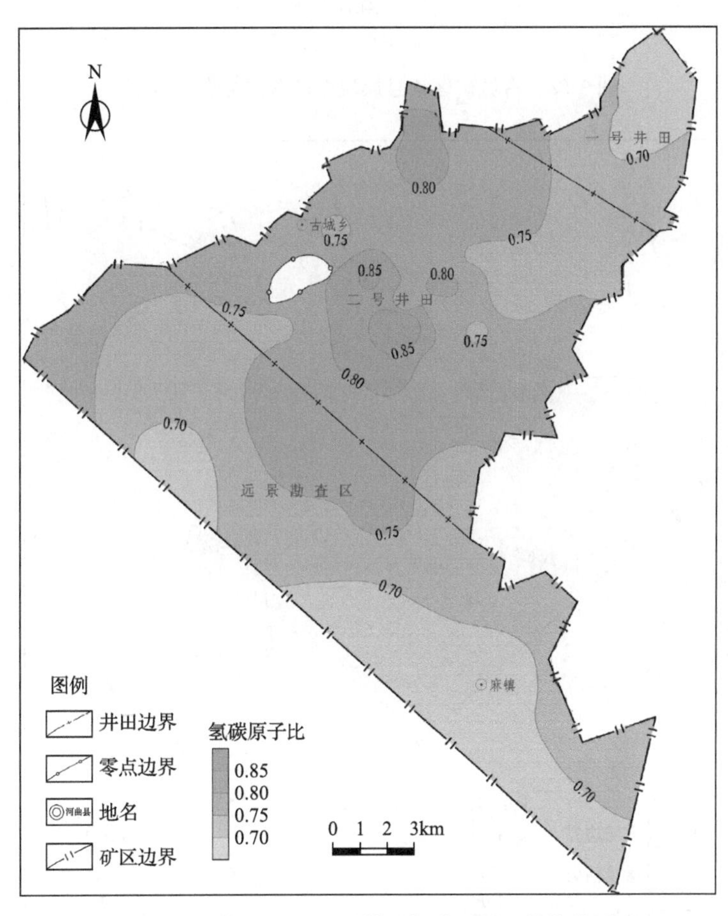

图 3-87　古城矿区 4 号煤层氢碳原子比等值线图

按《煤炭质量分级 第 2 部分：硫分》(GB/T 15224.2—2018) 中煤炭资源评价硫分分级，古城矿区 4 号煤层原煤绝大部分为低硫煤、特低硫煤，小部分为中硫煤，极少为中高硫；洗选后，浮煤绝大部分依然为低硫煤、特低硫煤，含有极少的中高硫煤(图 3-88)。在平面分布上，硫分含量以 0.25%～1.00%为主，大于 1.00%的区域主要分布在矿区中部二号井田的东部、西部、北部，向一号井田和远景勘查区呈逐渐变小趋势(图 3-89)。

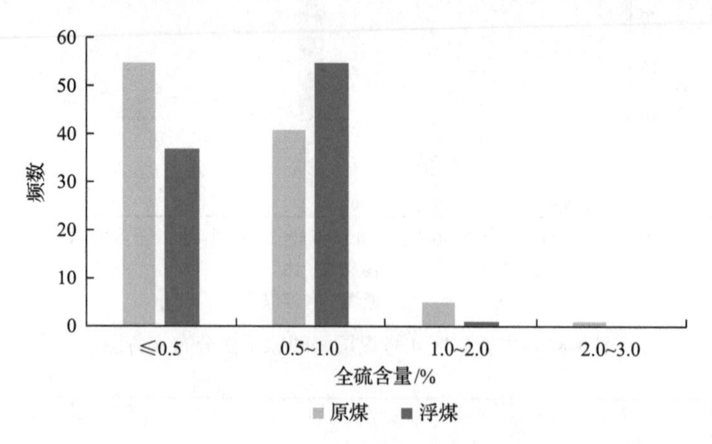

图 3-88　古城矿区 4 号煤层全硫含量分布直方图

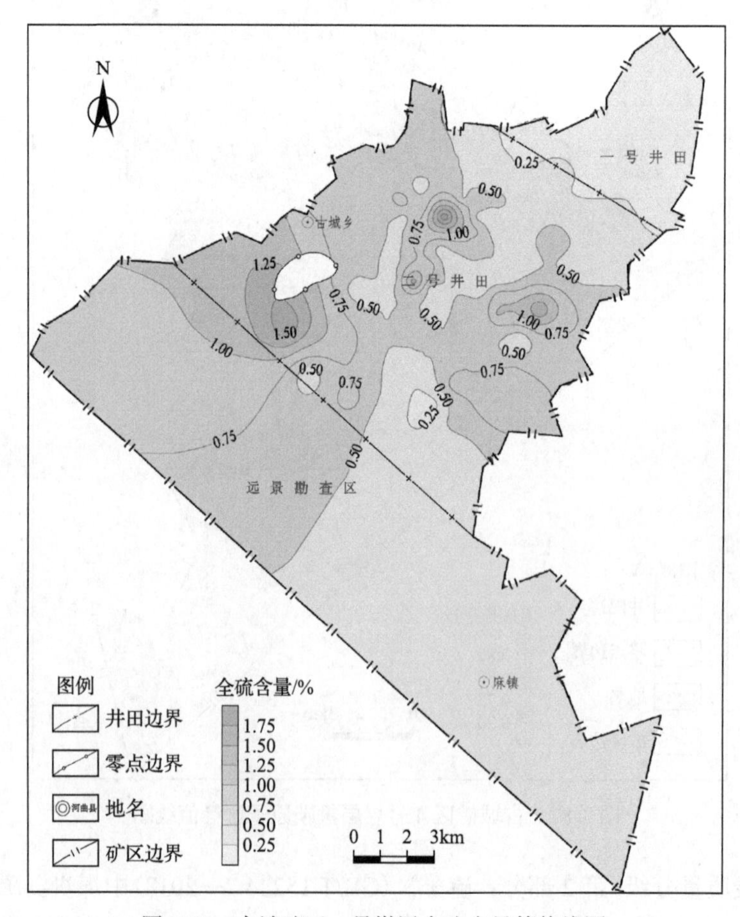

图 3-89　古城矿区 4 号煤层全硫含量等值线图

古城矿区 4 号煤层原煤中各形态硫的占比随着全硫含量的变化而变化，表现为：当全硫含量增大时，硫化铁硫整体上呈增大趋势，有机硫整体上呈减小趋势，而硫酸盐硫的占比基本不变。当全硫含量≤1.00%，即为低硫煤、特低硫煤时，以有机硫为主，占比平均为 74.54%，但随着全硫含量的增加，硫化铁硫的占比增加，平均值为 65.66%，而有机硫占比降低，平均值为 33.15%(图 3-90)，由此可见，古城矿区 4 号煤层中含硫的高低主要受硫化铁硫控制，大多数是煤中黄铁矿等所引起的。

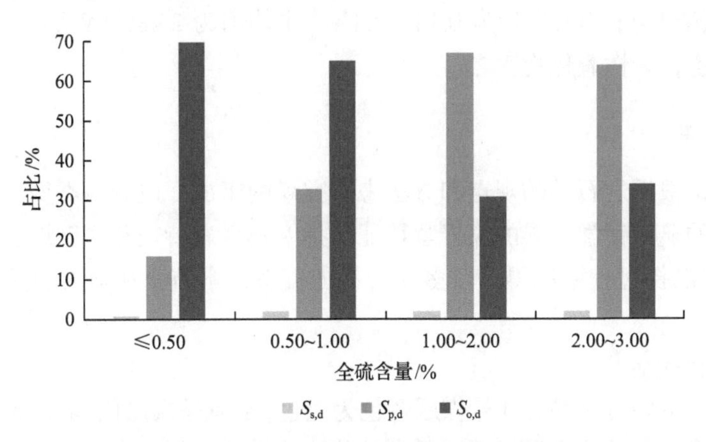

图 3-90　古城矿区 4 号煤层各形态硫含量分布直方图

(6)煤灰熔融性：根据古城矿区煤质数据统计，4 号煤层的煤灰熔融性范围为 1320～1530℃，平均值为 1435℃(*N*=34)。参考煤灰熔融温度范围：易熔灰分(煤灰熔融性＜1160℃)、中熔灰分(煤灰熔融性为 1160～＞1350℃)、难熔灰分(煤灰熔融性为 1350～＞1500℃)，可确定古城矿区 4 号煤层的煤灰中难熔灰占绝大多数(88.2%)，含少量中熔灰(11.8%)(图 3-91)。

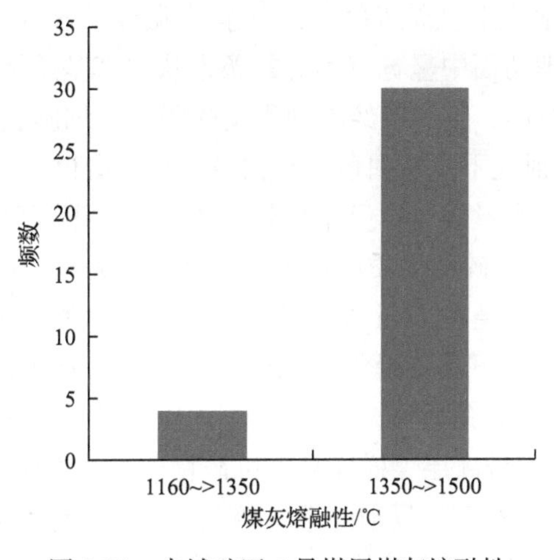

图 3-91　古城矿区 4 号煤层煤灰熔融性

(7)煤的黏结指数：根据古城矿区煤质数据统计，4 号煤层的黏结指数为 4～89.5，平均值为 59.6(*N*=89)，属中强黏结煤。

(8)煤灰成分：古城矿区 4 号煤层煤灰成分组成主要有 SiO_2、Al_2O_3、Fe_2O_3、CaO、

MgO、K_2O、Na_2O、TiO_2等。通过对勘探资料的煤灰成分数据的分析得出，煤灰中主要成分 SiO_2 含量为 30.57%～51.1%，平均值为 41.81%(N=54)；Al_2O_3 含量为 26.61%～47.44%，平均值为 38.24%(N=54)；Fe_2O_3 含量为 0.88%～16.09%，平均值为 4.2%(N=54)；CaO 含量为 1.15%～25.19%，平均值为 6.78%(N=54)；MgO 含量为 0.14%～1.62%，平均值为 0.79%(N=54)；SO_3 含量为 0.14～8.3%，平均值为 3.48%(N=54)。总体上以硅铝酸盐氧化物为主，碱性氧化物次之。

2. 煤岩特征

煤岩学就是根据岩石学的观点和方法来研究煤的组成、成分、类型、性质等，主要研究领域是煤的显微镜学，煤的煤岩学特征包括宏观煤岩特征和显微煤岩特征。古城矿区 4 号煤层在勘探过程中取得了较多煤岩特征资料，本节是在前人的基础上进行分析研究。

1) 宏观煤岩特征

古城矿区内主要可采煤层 4 号煤层颜色为黑色，条痕呈褐黑色，弱沥青—沥青光泽，部分为暗淡光泽、弱玻璃光泽；断口呈参差状、阶梯状，部分为贝壳状；硬度中等，性较脆，内生裂隙发育或较发育，外生裂隙较发育或不发育，裂隙常被方解石和黄铁矿薄膜充填，条带状结构，层状构造。煤岩组分以亮煤为主，暗煤次之，含少量镜煤及丝炭。宏观煤岩类型以半亮型、半暗型为主，其次为暗淡型。

2) 显微煤岩特征

古城矿区煤岩显微组分有机质含量高，其中以镜质组为主，其次为惰质组，壳质组含量低；无机组分含量较低，以黏土、碳酸盐岩和氧化物类矿物为主。

(1) 镜质组：油浸反射光下呈深灰色，无凸起，常见以下显微亚组分。①均质镜质体，均一，纯净，在垂直层理切面中呈宽窄不等的条带状；②基质镜质体，胶结了其他显微组分及矿物；③结构镜质体，细胞壁经不同程度膨胀后，细胞腔变形区已消失。

(2) 惰质组：油浸反射光下呈灰白色—亮白色、亮黄白色，反射力强，中高突起。常见具细胞结构的丝质体、半丝质体，呈条带状、透镜状或不规则状。粗粒体呈浑圆状或不定形状，粒径大于 30μm。碎屑惰质体形态极不规则，为粒径小于 30μm 的无细胞结构碎屑状惰质组。可见少量粒径在 1μm 以下的微粒体，呈小条带状。

(3) 壳质组：油浸反射光下呈灰黑色，中高突起，常见小孢子体，其长轴小于 100μm，呈蠕虫状单个个体出现。可见角质体，外缘平滑，内缘多呈锯齿状厚度不等的细长条带。

(4) 矿物：古城矿区 4 号煤层煤样样品无机矿物以黏土类矿物为主，其次为碳酸盐、硫化物类矿物。①黏土矿物在普通反射光下为暗灰色，油浸反射光下为灰黑色，低突起，表面不光滑，呈团块状和微粒聚合体形态。②碳酸盐类矿物主要为方解石，普通反射光下为灰色，低突起，表面平整光滑，强非均质性，呈块状体、充填裂隙及细胞腔形态产生。③硫化物类矿物主要为黄铁矿，普通反射光下为黄白色，突起很高，表面平整，在正交偏光下全消光，呈脉状充填裂隙。

3. 煤相

V/I、灰分一直被用于解释泥炭沼泽的形成环境。Smith 把 *V/I* 看作是成煤泥炭遭受氧化程度的参数，一般来说，镜质组形成于潮湿还原环境，而惰质组则形成于干燥氧化环境，$V/I<1$ 时指示成煤泥炭曾暴露于氧化环境。灰分可以在一定程度上反映成煤泥炭沼泽的水位。灰分的增高可以说明泥炭层的水动力条件流动性增大，由覆水的低位泥炭形成的煤，其灰分高于高位泥炭形成的煤。煤中硫含量主要取决于泥炭沼泽水体的氧化还原程度。

古城矿 4 号煤的 *V/I* 大多大于 1，而且原煤灰分相对较高，这与沉积分析为三角洲平原泥炭沼泽相和煤相的划分结果有很好的一致性。

4. 微量元素

本节通过对古城矿区 4 号煤层的微量元素收集数据的分析可知，矿区无明显的微量元素富集，只在个别点上微量元素含量较高(表 3-43)。

表 3-43　古城矿区 4 号煤层微量元素分析统计结果

元素	含量/(10^{-6}μg/g)	中国煤(代)/(μg/g)	富集系数
Ge	$\frac{0\sim22^{a}}{3.89^{b}(N=91)}$	2.78	1.40
Ga	$\frac{0\sim27}{13.12(N=91)}$	6.55	2.00
U	$\frac{0\sim24}{1.62(N=91)}$	2.43	0.67
V	$\frac{0\sim56}{13.03(N=91)}$	35.1	0.37

a 表示取值范围。
b 表示平均值。

三、特殊用煤资源

古城矿区东西宽约 24km，南北长约 31km，面积为 319km^2。古城矿区共划分为三个井田，分别为一号井田、二号井田和远景勘查区。截至 2015 年底，全矿区保有资源量为 337278.3 万 t;古城矿区主要可采煤层为 4 号煤层,4 号煤层的保有资源量为 111191 万 t。4 号煤层主要为气煤(QM)，含少量长焰煤(CY)，通过对 4 号煤层全水分、灰分、全硫、软化温度、流动温度等指标分析发现，古城矿区煤炭资源主要适合直接液化和流化床气化,小部分适合常压固定床气化。截至 2015 年底,中等液化用煤的保有资源量为 50775.93 万 t，适合常压固定床气化用煤保有资源量为 11513.43 万 t，适合流化床气化用煤保有资源量为 48901.65 万 t(图 3-92)。

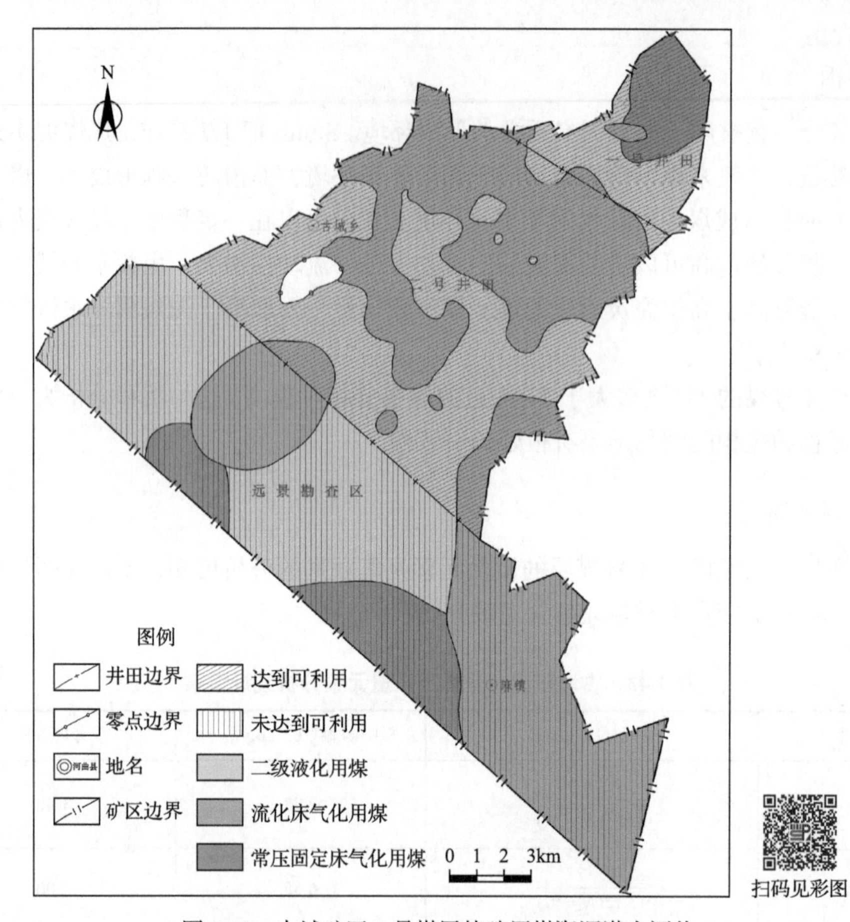

图 3-92 古城矿区 4 号煤层特殊用煤资源潜力评价

第四章

陕西省煤岩、煤质变化规律

第一节　煤 类 分 布

陕西省煤炭资源主要分布在渭河以北，陕南仅零星分布。含煤地层的时代包括石炭纪—二叠纪、晚三叠世、早—中侏罗世。煤类分布受构造位置和含煤时代双重因素控制，总体而言，陕北地区煤炭变质程度低于渭北地区，成煤时代越早，变质程度越高，但也有例外，陕北石炭纪—二叠纪煤田府谷矿区煤变质程度较低，煤类以长焰煤为主，而三叠纪煤田煤变质程度略高，煤类为气煤。

陕北石炭纪—二叠纪煤田主要可采煤层镜质组平均最大反射率介于 0.61%～1.43%，属Ⅰ-Ⅴ变质阶段烟煤，且由上向下镜质组最大平均反射率逐渐增高，属区域变质作用类型，煤类主要为长焰煤和焦煤。渭北石炭纪—二叠纪煤田主要可采煤层镜质组平均最大反射率介于 1.83%～2.12%，属Ⅴ-Ⅷ变质阶段烟煤，且由上向下镜质组最大平均反射率逐渐增高，煤类主要为无烟煤和瘦煤。

陕北三叠纪煤田主要可采煤层镜质组平均最大反射率在 0.74%～0.76%，属第Ⅱ变质阶段的烟煤，即气煤—气肥煤范畴，垂向上煤的变质程度自上而下略有增高。

陕北侏罗纪煤田主要可采煤层镜质组平均最大反射率在 0.46%～0.69%，综合平均值在 0.53%～0.61%，属Ⅰ-Ⅱ低变质阶段烟煤。平面上由北东向南西煤的变质程度有逐渐增高的趋势，垂向上上部煤层的变质程度略低于下部煤层。煤类以不黏煤为主。黄陇侏罗纪煤田主要可采煤层镜质组平均最大反射率在 0.52%～0.84%，属Ⅰ-Ⅲ变质阶段烟煤。镜质组平均最大反射率由北东部黄陵矿区向南西部永陇矿区有逐渐降低的趋势。煤类以不黏煤为主。

第二节　煤 岩 特 征

一、宏观煤岩特征

陕西省各煤田宏观煤岩类型有所差别，陕北石炭纪—二叠纪煤田府谷矿区山西组煤层以半暗型为主，半亮型和暗淡型次之。太原组上部煤层以半亮型为主，半暗型次之；下部煤层以半暗型为主，暗淡型和半亮型次之。吴堡矿区山西组 S1 号煤层以半亮型为主，光亮型次之。太原组 t1 号煤以光亮型为主，半亮型次之。渭北石炭纪—二叠纪煤田下部煤层以半暗型为主，半亮型次之，上部煤层则以半亮型为主，半暗型次之。

陕北三叠纪煤田煤层以半亮型为主，光亮型和暗淡型次之。垂向上，上部与下部均以光亮型和半亮型为主，中部以暗淡型为主。

陕北侏罗纪煤田含煤地层剖面中部煤层一般以亮煤为主，暗煤次之，含镜煤、丝炭条带；含煤地层剖面上、下部煤层一般以暗煤为主，亮煤次之，夹少量镜煤和丝炭条带。丝炭含量较高是该区各煤层宏观煤岩组分的主要特征。西南部彬长矿区 4 号煤层煤岩类型以暗淡型为主，半暗型次之。在垂向上表现为上、下部煤层光泽暗淡，中部偏亮的特征，横向发育稳定。永陇矿区 3(下)号煤层以半亮型为主，顶部为半暗型，底部为半暗—暗淡型。焦坪矿区 4^{-2} 号煤层以半暗型和暗淡型为主，半亮型次之；垂向剖面上，下部以暗淡型为主，中部以半暗型为主，上部为各种类型交替出现。黄陵矿区 2 号煤层以半暗型—暗淡型为主，半亮型次之。

总体上，陕西省各煤田宏观煤岩类型以半暗型—半亮型为主。

二、显微煤岩特征

显微煤岩组分与宏观煤岩类型关系密切，一般情况下，亮煤中的镜质组含量较高，暗煤中的惰质组含量较高。陕北石炭纪—二叠纪煤田府谷矿区山西组煤层以镜质组为主，含量在 34.3%～64.4%，平均值为 49.2%；惰质组含量在 18.0%～42.7%，平均值为 28.1%；壳质组含量较少；矿物成分以黏土类为主，平均值为 14.0%，碳酸盐类矿物次之，硫化物类矿物较少。太原组煤层均以镜质组为主，含量在 37.4%～61.8%，综合平均值为 47.6%～58.9%；惰质组次之，含量在 17.9%～49.8%，综合平均值为 24.3%～35.5%；壳质组含量较少，含量在 3.2%～9.2%，综合平均值在 5.7%～6.9%；矿物成分均以黏土类为主，含量在 2.3%～23.2%，综合平均值在 8.9%～10.2%，硫化物和碳酸盐类矿物均很少。垂向上，太原组煤层由上而下镜质组含量逐渐降低，惰质组含量逐渐升高，壳质组含量逐渐降低。吴堡矿区山西组 S1 号煤层以镜质组为主，含量在 47.1%～65.7%，平均值为 54.6%；惰质组次之，含量在 21.5%～44.2%，平均值为 33.8%；壳质组含量较少；矿物组分以黏土类矿物为主，平均值为 6.0%，碳酸盐矿物次之，平均值为 2.3%，硫化物矿物含量较少。太原组 t1 号煤以镜质组为主，含量在 48.2%～66.8%，平均值为 58.3%；惰质组次之，含量在 24.3%～38.2%，平均值为 31.6%；矿物组分均以黏土类矿物为主，平均值为 6.6%，硫化物矿物和碳酸盐类矿物较少。渭北石炭纪—二叠纪煤田山西组煤层镜质组含量小于太原组煤层，而惰质组含量大于太原组煤层。镜质组综合平均值在 48.6%～69.3%，惰质组综合平均值在 20.2%～46.7%；矿物成分以黏土类矿物为主，其综合平均值为 1.6%(图 4-1)。

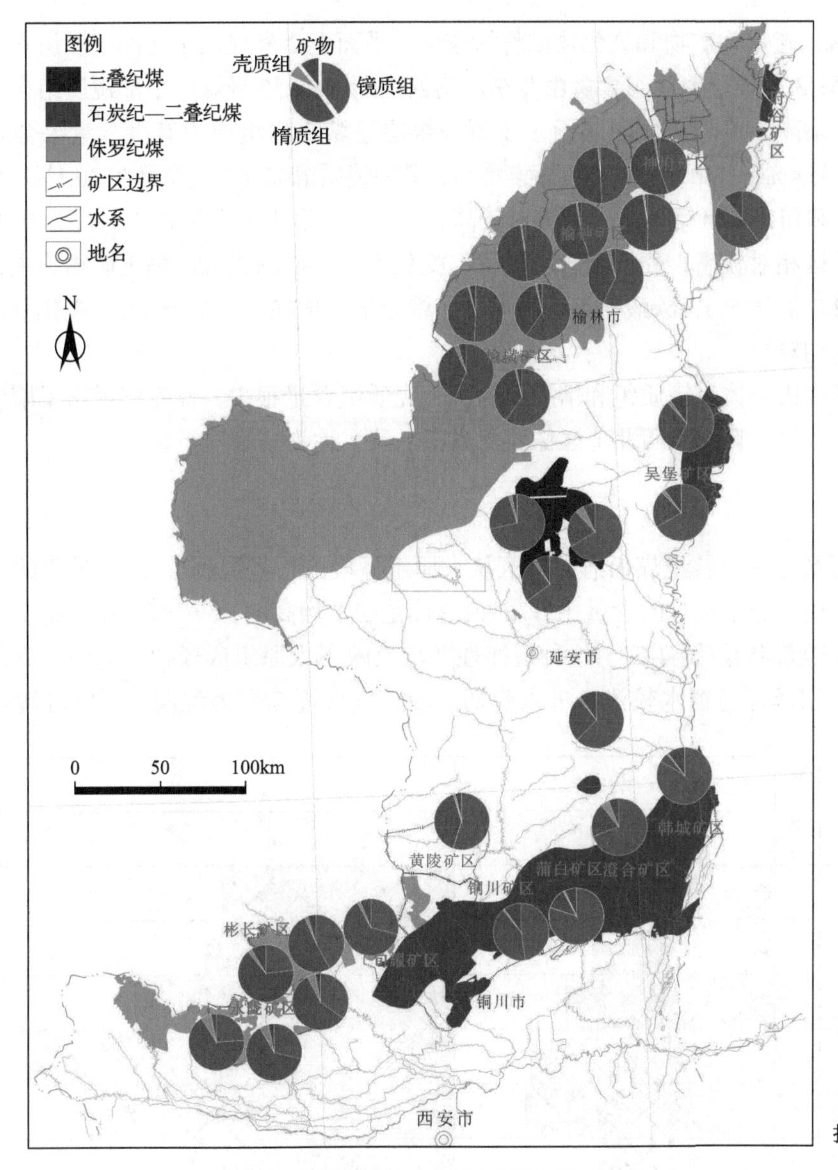

扫码见彩图

图 4-1　陕西省煤炭显微煤岩组分平面分布图

陕北三叠纪煤田主要可采煤层镜质组平均含量在 63.9%～78.8%，惰质组平均含量在 13.8%～24.6%，壳质组含量较少。矿物成分以黏土类矿物和碳酸盐类矿物为主，硫化物矿物较少。

陕北侏罗纪煤田主要可采煤层显微煤岩组分中有机显微组分含量较高，其综合平均值在 94.5%～98.4%，其中镜质组综合平均值为 42.1%～65.2%。神府和榆神矿区上部煤层镜质组含量高于下部煤层；榆横矿区 3 号煤层镜质组含量较高，2 号煤层次之，5 号煤层相对较低；惰质组含量综合平均值为 26.8%～52.7%；壳质组含量较少且变化不大。矿物成分以黏土类矿物为主，综合平均值在 0.5%～3.9%；碳酸盐类矿物次之，综合平均值在

0.3%～1.1%，硫化物矿物和氧化物矿物均较少。平面上 2 号煤层中北部镜质组含量高于北部和南部；3 号煤层镜质组含量由北东向南西逐渐增多；5 号煤层中部镜质组含量向南北两侧逐渐增高。黄陇侏罗纪煤田主要可采煤层显微煤岩组成中有机含量综合平均值为 90.4%～95.4%，并由北东向南西逐渐增高，其中镜质组综合平均含量在 30.1%～49.7%，黄陵、焦坪和旬耀矿区镜质组含量相对较高；惰质组综合平均含量在 41.4%～60.2%，彬长及永陇矿区相对较高；壳质组含量较少，变化不大。矿物成分以黏土矿物为主，综合平均值在 2.0%～6.5%；碳酸盐类矿物次之，综合平均值在 1.0%～5.1%；硫化物矿物和氧化物矿物均较少。

全省各煤田总体以镜质组和惰质组为主，壳质组含量很少，侏罗纪煤田中惰质组含量相对较高，这一特征与西北地区侏罗纪煤田一致，称为富惰质组煤。

三、煤相

陕北石炭纪—二叠纪煤田府谷矿区从太原组下段 11 号煤到上段 5 号煤的镜惰比（*V*/*I*）、镜质组与稳定组分的含量比（*V*/*E*）值总体是向上增高的，5 号煤到山西组 2 号煤的 *V*/*I*、*V*/*E* 值逐渐降低（图 4-2）。这种规律性变化反映了太原组成煤初期的中、下段气候较为干燥，沼泽环境覆水较浅，进入晚期上段，气候逐渐变为湿润，沼泽环境覆水较

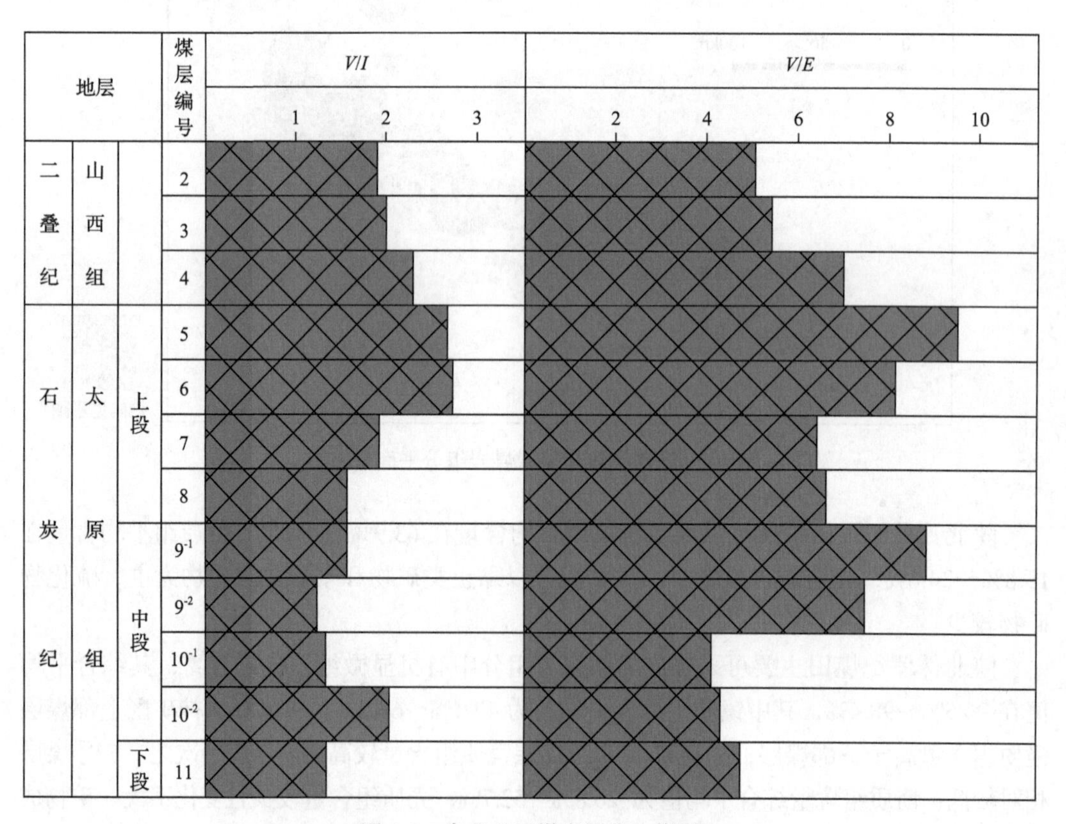

图 4-2　府谷矿区煤岩组分比值图

深，后山西组又转为气候较干燥、覆水较浅的环境。煤的宏观煤岩类型的分布也反映了这一特征。

四、微量元素

(1)陕北石炭纪—二叠纪煤田府谷矿区主要可采煤层砷含量综合平均值在0.5～9.4ppm，4、7、8号煤层属1级含砷煤，6号煤层属3级含砷煤；氯含量综合平均值在0.018%～0.025%，属特低氯煤；氟含量综合平均值在122～195ppm。吴堡矿区主要可采煤层原煤砷含量综合平均值在1～6ppm，属1～2级含砷煤；氯含量综合平均值为0.035%～0.056%，属特低—低氯煤；氟含量综合平均值为103～142ppm。陕北三叠纪煤田瓦窑堡组5号煤层砷含量在2～8ppm，平均值小于7ppm，属1～2级含砷煤；5号煤层氟含量在27～84ppm，平均值为76ppm；5号煤层氯含量在0.083%～0.297%，平均值为0.28%，属中氯煤。陕北侏罗纪煤田各主要可采煤层砷含量较低，在0～17ppm，大部分在2～3ppm，属1级含砷煤；各主要可采煤层氯含量综合平均值在0.011%～0.094%，属特低—低氯煤；各主要可采煤层氟含量综合平均值在57～86ppm。

(2)渭北石炭纪—二叠纪煤田各主要可采煤层的砷含量综合平均值小于8ppm，仅5、11号煤层的少数煤样超过8ppm；氯含量均很低，未超过0.3%；氟含量综合平均值介于38～79.8ppm，仅5、11号煤层个别样超过100ppm。总而言之，砷、氯、氟的含量均未超过允许范围。

(3)黄陇侏罗纪煤田主要可采煤层的砷含量在0～53ppm，综合平均值为2.9～10.9ppm。焦坪和旬耀矿区砷含量综合平均含量大于7ppm，其余均小于7ppm，属1～3级含砷煤。各主要可采煤层氟含量在1～504ppm，综合平均值为58～110ppm；各主要可采煤层氯含量在0.006%～0.259%，综合平均值为0.024%～0.085%，属特低氯—低氯煤。氯含量由东北部的黄陵矿区向西南部的永陇矿区呈逐渐降低趋势。

第三节 煤质特征

一、工业分析

1. 水分

水分随着煤变质程度的增高而降低，陕西省石炭纪—二叠纪各煤田由于煤变质程度差异大，水分产率变化很大。以长焰煤为主的府谷矿区各煤层水分含量接近5%，而以瘦煤、无烟煤为主的其他矿区水分产率均低于1%，平面上表现为北部高，中、南部低的特点(表4-1)。

陕北三叠纪煤田5号煤层原煤水分含量在0.85%～6.65%，平均值为2.11%；浮煤水分含量在0.94%～4.16%，平均值为1.97%。3号煤层原煤水分含量在0.97%～2.51%，平

表 4-1　陕西石炭纪—二叠纪煤中水分含量(平均值)统计表　　(单位：%)

府谷矿区		吴堡矿区		铜川矿区		蒲白矿区		澄合矿区		韩城矿区	
煤层	水分含量	煤层	水分含量	煤层	水分含量	煤层	水分含量	煤层	水分含量	煤层	水分含量
4 号	5.07	S1 号	0.76	3 号		3 号		3 号		3 号	0.93
6 号	5.24	t1 号	0.68	5 号	1.54	5 号	0.9	5 号	0.72	5 号	0.98
7 号	5.18			10 号	0.74	10 号	0.89	10 号	0.74	10 号	
8 号	4.78			11 号		11 号		11 号		11 号	0.76

均值为 1.40%；浮煤水分含量在 1.16%～2.24%，平均值为 1.52%。垂向上，煤层水分含量随着煤层埋深的增加而减少。

陕西省侏罗纪煤总体变质程度较低，煤中水分含量较高。陕北侏罗纪煤田 2^{-2} 号煤层原煤水分含量在 1.78%～12.93%，综合平均值为 5.49%～8.58%(表 4-2)；浮煤水分含量在 2.24%～13.42%，综合平均值为 5.13%～8.97%。3^{-1} 号煤层原煤水分含量在 3.43%～14.02%，综合平均值为 5.92%～8.11%(表 4-2)；浮煤水分含量在 2.29%～13.62%，综合平均值为 4.98%～8.67%。5^{-1} 号煤层原煤水分含量在 4.69%～9.31%，平均值为 7.15%；浮煤水分含量在 3.70%～10.04%，平均值为 6.86%。5^{-2} 号煤层原煤水分含量在 5.32%～10.81%，平均值为 7.15%；浮煤水分含量在 4.66%～12.23%，平均值为 7.26%。平面上 2^{-2}、3^{-1}、5^{-3} 号煤层水分含量均由北东至南西逐渐降低，垂向上上部煤层水分含量高于下部煤层。

黄陇侏罗纪煤田主要可采煤层原煤水分含量介于 0.80%～12.18%，综合平均值在 2.43%～8.12%(表 4-2)；浮煤水分含量在 0.59%～11.84%，综合平均值在 2.98%～7.24%。在平面上具有明显的分区性，黄陵矿区主采煤层水分含量相对较低，永陇矿区主采煤层水分含量相对较高，反映出了水分含量与煤变质程度呈负相关关系。

表 4-2　陕西省侏罗纪各矿区煤中水分含量统计表　　(单位：%)

陕北侏罗纪煤田						黄陇侏罗纪煤田							
神府矿区		榆神矿区		榆横矿区		黄陵矿区		旬耀矿区		彬长矿区		永陇矿区	
煤层	水分含量	煤层	水分含量	煤层	水分含量	煤层	水分含量	煤层	水分含量	煤层	水分含量	煤层	水分含量
2^{-2} 号	8.58	2^{-2} 号	6.45	2 号	5.49	2 号	2.43	4^{-2} 号	6.98	4 号	4.28	3 号	8.12
3^{-1} 号	8.11	3^{-1} 号	6.32	3 号	5.92								
5^{-2} 号	8.21	5^{-2} 号	6.66	5 号	5.31								

2. 灰分

陕西省各个时代煤的灰分具有鲜明的特点，石炭纪—二叠纪煤中灰分明显高于三叠纪煤和侏罗纪煤的灰分。

陕北石炭纪—二叠纪煤田府谷矿区山西组 4 号煤层原煤灰分在 7.18%～40.75%，平均值为26.08%，属中高灰煤。太原组6、7、8号煤层原煤灰分在9.54%～36.99%，综合平均值为17.72%～22.86%，属低中灰—中灰煤；浮煤灰分在3.28%～14.95%，综合平均值为6.12%～8.02%。垂向上，山西组煤层原煤灰分高于太原组煤层，太原组上部煤层灰分低于下部煤层。吴堡矿区山西组S1号煤层原煤灰分在9.96%～37.39%，平均值为20.13%；太原组t1号煤层原煤灰分在11.62%～38.28%，平均值为21.03%，属中灰煤。垂向上，山西组S1号煤层原煤灰分低于太原组t1号煤；平面上，山西组S1号煤的中灰煤主要分布在矿区东部及东南部，低中灰煤主要分布在西北部及中西部；太原组t1号煤平面上中灰煤主要分布在矿区东部，低中灰煤主要分布在矿区的西南部，自北东向南西灰分逐渐降低的规律性明显。渭北石炭纪—二叠纪煤田山西组和太原组各主要可采煤层以低中灰—中灰煤为主，有少量高灰煤和低灰煤，平面上煤田西南部煤层灰分高于东北部煤层灰分(表4-3)。

表4-3 陕西省各石炭纪—二叠纪煤田原煤灰分统计表 (单位：%)

府谷矿区		吴堡矿区		铜川矿区		蒲白矿区		澄合矿区		韩城矿区	
煤层	灰分	煤层	灰分	煤层	灰分	煤层	灰分	煤层	灰分	煤层	灰分
4号	26.08	S1	20.13	3号		3号		3号		3号	19.42
6号	17.72	t1	21.03	5号	23.62	5号	21.88	5号	18.93	5号	18.76
7号	18.87			10号	23.55	10号	20.93	10号	19.73	10号	
8号	22.86			11号		11号		11号		11号	21.63

陕北三叠纪煤田5号煤层原煤灰分在9.34%～25.89%，平均值为19.29%；浮煤灰分在4.10%～11.31%，平均值为7.27%。3号煤层原煤灰分在10.84%～26.63%，平均值为18.97%；浮煤灰分在5.31%～12.04%，平均值为7.01%，平均脱灰率为0.63%。5号、3号煤层均属低中灰煤。垂向上，煤的灰分由上至下有降低的趋势。平面上，低灰煤分布在中东部和西南角，低中灰煤分布在中部，中灰煤分布在中西部及东南部，中高灰煤零星分布。

陕北侏罗纪煤田2^{-2}号煤层原煤灰分在3.31%～26.21%，综合平均值为6.02%～9.55%(表4-4)；浮煤灰分在1.31%～7.34%，综合平均值为2.69%～3.43%。3^{-1}号煤层原煤灰分在3.15%～28.30%，综合平均值在7.92%～10.26%(表4-4)；浮煤灰分在1.30%～9.64%，综合平均值为2.68%～3.81%。5^{-1}号煤层原煤灰分在5.04%～15.19%，平均值为8.52%；浮煤灰分在2.81%～5.55%，平均值为4.13%。5^{-2}号煤层原煤灰分在4.49%～24.35%，平均值为8.39%；浮煤灰分在2.34%～7.55%，平均值为4.00%。上述煤层平均灰分除榆横矿区3号煤层为低中灰煤外，其他煤层均属低灰煤。灰分与矿物组分呈正相关关系，即显微煤岩组分中矿物组分含量高，一般灰分含量就偏高。平面上，2号煤层灰分由南东向北西逐渐增高；3号煤层在北部的东北角灰分由北东向南西逐渐增高，中北部区域灰分由南东向北西逐渐增高，南部区域由北向南逐渐增高；5号煤层灰分由南东向北西逐渐增高。

表 4-4　陕西省侏罗纪煤灰分统计表　（单位：%）

神府矿区		榆神矿区		榆横矿区		黄陵矿区		旬耀矿区		彬长矿区		永陇矿区	
煤层	灰分	煤层	灰分	煤层	灰分	煤层	灰分	煤层	灰分	煤层	灰分	煤层	灰分
2^{-2}号	6.02	2^{-2}号	7.69	2^{-2}号	9.55	2号	16.4	4^{-2}号	17.07	4号	15.05	3号	16.6
3^{-1}号	8.08	3^{-1}号	7.92	3^{-1}号	10.26								
5^{-2}号	8.52	5^{-2}号	8.28	5^{-2}号	8.77								

黄陇侏罗纪煤田原煤灰分在 3.34%～39.57%，综合平均值在 15.05%～17.07%（表 4-4），主要为低中灰煤。浮煤灰分在 2.17%～20.20%，综合平均值在 5.45%～6.31%。煤中矿物的多少决定着煤层灰分的大小，灰分随矿物含量的增高而增大。平面上，黄陵矿区南—西南角灰分偏高，有少量中—中高灰煤，北部地区为低灰煤；焦坪矿区西北角有少量中高灰煤，北部、西部及中东部大部分地区为低中灰煤；旬耀矿区东部分布少量低灰煤，其余大部分地区为低中灰煤，中灰煤仅分布在西部边缘地带；彬长矿区东部灰分偏高，为中灰煤，其余大部地区为低—低中灰煤。

3. 挥发分

挥发分是反映煤变质程度的指标之一，也是煤类划分的重要依据。陕北石炭纪—二叠纪煤田府谷矿区山西组 4 号煤层原煤挥发分在 33.82%～46.46%，平均值为 40.40%；浮煤挥发分在 36.91%～47.43%，平均值 40.76%。太原组 6、7、8 号煤层原煤挥发分在 35.00%～45.84%，综合平均值为 38.82%～40.49%，均属高挥发分煤；浮煤挥发分在 35.97%～45.38%，综合平均值为 39.48%～40.85%。垂向上，由上而下挥发分逐渐降低。吴堡矿区山西组 S1 号煤层原煤挥发分在 19.56%～32.61%，平均值为 27.20%；浮煤挥发分在 17.65%～38.08%，平均值为 20.07%。太原组 t1 号煤层原煤挥发分在 18.23%～28.72%，平均值为 22.75%；浮煤挥发分在 16.21%～28.81%，平均值为 21.13%。S1 号与 t1 号煤层均属中等挥发分煤，垂向上，由上而下挥发分逐渐降低。平面上，南部吴堡矿区煤的变质程度高于北部府谷矿区，因此吴堡矿区煤的挥发分低于府谷矿区。渭北石炭纪—二叠纪煤田山西组 3 号煤层原煤挥发分在 7.58%～23.43%，平均值为 15.30%；浮煤挥发分在 7.48%～17.35%，平均值为 12.28%，属低挥发分煤。太原组 5 号煤层原煤挥发分在 11.03%～30.16%，平均值为 15.58%～19.99%；浮煤挥发分在 9.82%～23.57%，综合平均值为 13.28%～17.99%；属低挥发分煤。太原组 10 号煤层原煤挥发分在 11.08%～34.09%，平均值为 13.68%～18.92%；浮煤挥发分在 9.98%～20.19%，综合平均值为 15.12%～16.31%，属低挥发分煤。太原组 11 号煤层原煤挥发分在 8.08%～24.71%，平均值为 14.60%；浮煤挥发分在 7.06%～16.69%，平均值为 12.77%，属低挥发分煤（表 4-5）。垂向上，渭北石炭纪—二叠纪煤田由上到下煤的挥发分有逐渐降低的趋势，而煤的变质程度则逐渐增高；平面上，煤田西南部煤层挥发分高于东北部煤层。

表 4-5　陕西省石炭纪—二叠纪煤田各矿区原煤挥发分统计表　　(单位：%)

府谷矿区		吴堡矿区		铜川矿区		蒲白矿区		澄合矿区		韩城矿区	
煤层	挥发分	煤层	挥发分	煤层	挥发分	煤层	挥发分	煤层	挥发分	煤层	挥发分
4 号	42.03	S1 号	27.2	3 号		3 号		3 号		3 号	15.30
6 号	40.49	t1 号	22.75	5 号	19.99	5 号	18.91	5 号	18.31	5 号	15.58
7 号	40.10			10 号	18.92	10 号	13.68	10 号	16.93	10 号	
8 号	38.82			11 号		11 号		11 号		11 号	14.60

陕北三叠纪煤田 5 号煤层原煤挥发分在 37.28%～45.24%，平均值为 42.07%；浮煤挥发分在 37.46%～49.40%，平均值为 41.96%；3 号煤层原煤挥发分在 36.73%～42.96%，平均值为 39.81%；浮煤挥发分在 34.68%～49.95%，平均值为 41.00%；5 号、3 号煤层均属高挥发分煤，垂向上煤的挥发分由上至下有降低的趋势。

陕北侏罗纪煤田 2^{-2} 号煤层原煤层挥发分在 29.69%～52.68%，综合平均值为 36.36%～38.57%(表 4-6)；浮煤挥发分在 29.57%～44.77%，综合平均值为 36.13%～37.71%。3^{-1} 号煤层原煤挥发分在 32.52%～43.27%，综合平均值为 37.02%～38.32%(表 4-6)；浮煤挥发分在 32.55%～41.76%，综合平均值为 36.18%～37.41%。5^{-1} 号煤层原煤挥发分在 31.99%～39.35%，平均值为 36.28%；浮煤挥发分在 31.94%～39.23%，平均值为 35.75%。5^{-2} 号煤层原煤挥发分在 29.88%～39.01%，平均值为 36.12%～36.28%(表 4-6)；浮煤挥发分在 30.33%～38.39%，平均值为 36.05%，详见表 4-6。各煤层均属中高—高挥发分煤层。平面上，2、3 号煤层挥发分由北向南逐渐增大；5 号煤层由中部向南北两侧逐渐增大。黄陇侏罗纪煤田主要可采煤层原煤挥发分在 25.06%～45.09%，综合平均值在 32.74%～36.65%(表 4-6)，属中高—高挥发分煤；浮煤挥发分在 22.01%～42.56%，综合平均值在 33.42%～37.55%。

表 4-6　陕北侏罗纪煤田各矿区原煤挥发分统计表　　(单位：%)

神府矿区		榆神矿区		榆横矿区		黄陵矿区		旬耀矿区		彬长矿区		永陇矿区	
煤层	挥发分	煤层	挥发分	煤层	挥发分	煤层	挥发分	煤层	挥发分	煤层	挥发分	煤层	挥发分
2^{-2} 号	36.36	2^{-2} 号	38.57	2^{-2} 号	38.57	2 号	34.20	4^{-2} 号	36.65	4 号	32.74	3 号	34.70
3^{-1} 号	37.02	3^{-1} 号	38.32	3^{-1} 号	38.32								
5^{-2} 号	36.28	5^{-2} 号	36.12	5^{-2} 号	36.12								

4. 氢碳原子比

陕北石炭纪—二叠纪煤田府谷矿区和古城矿区变质程度较低，以长焰煤和气煤为主，氢含量较高，主采煤层氢碳原子比平均为 0.75。吴堡矿区煤变质程度较高，以焦煤为主，其原煤氢碳原子比为 0.60～0.79，平均值为 0.69(N=39)，大部分分布在 0.65～0.75。渭北石炭纪—二叠纪煤田各矿区变质程度高，以焦煤、瘦煤和无烟煤为主，澄合矿区主采煤层氢碳原子比平均值为 0.53，铜川矿区主采煤层氢碳原子比平均值为 0.56。

陕北三叠纪煤田以气煤为主，变质程度较低，氢含量较高，主采煤层氢碳原子比平均为 0.82。

侏罗纪煤变质程度较低，以不黏煤和长焰煤为主，氢含量较高，陕北侏罗纪煤田神府矿区主采煤层氢碳原子比为 0.42～0.99，主要分布在 0.60～0.75，平均值为 0.69。榆神矿区 5^{-2} 号煤层原煤氢碳原子比为 0.55～0.75，主要分布在 0.65～0.75，平均值为 0.68；榆横矿区主采煤层原煤氢碳原子比为 0.45～0.89，平均值为 0.71。黄陇侏罗纪煤田黄陵矿区氢碳原子比为 0.58～0.90，平均值为 0.70，彬长、旬耀、永陇矿区氢碳原子比较低，平均值低于 0.7。

二、全硫含量

陕西省煤中硫分随含煤时代变化很大，石炭纪—二叠纪煤中的全硫含量远高于三叠纪和侏罗纪煤中的全硫含量，海陆交互环境中形成的太原组煤中的全硫含量高于陆相环境的山西组煤中的全硫含量。陕北石炭纪—二叠纪煤田府谷矿区煤中全硫含量相对较低，其山西组 4 号煤层原煤全硫含量在 0.17%～3.01%，平均值为 0.60%；浮煤全硫含量在 0.57%～1.31%，平均值为 0.59%。太原组 6 号煤层原煤全硫含量在 0.21%～3.96%，平均值为 1.43%；浮煤全硫含量在 0.39%～2.31%，平均值为 1.14%。太原组 7 号煤层原煤全硫含量在 0.49%～5.45%，平均值为 2.09%；浮煤全硫含量在 0.45%～2.09%，平均值为 1.26%。太原组 8 号煤层原煤全硫含量在 0.52%～3.76%，平均值为 1.24%；浮煤全硫含量在 0.24%～2.25%，平均值为 0.84%。山西组 4 号煤层属低硫煤，太原组 6、8 号煤层属低中硫煤，7 号煤层属中高硫煤。吴堡矿区山西组 S1 号煤原煤全硫含量在 0.17%～2.39%，平均值为 0.54%；浮煤全硫含量在 0.23%～2.36%，平均值为 0.59%。太原组 t1 号煤层原煤全硫含量在 0.37%～4.03%，平均值为 1.54%；浮煤全硫含量在 0.28%～2.07%，平均值为 1.04%。山西组 S1 号煤层以特低硫煤为主，其次为低硫煤，低中硫煤和中硫煤零星分布。太原组 t1 号煤层以中硫煤为主，其次为低硫煤，特低和低中硫煤较少。从垂向上看，上部煤层硫分含量低于下部煤层。平面上，S1 号煤层全硫含量总体具有南高北低的变化特征；t1 号煤层全硫含量自南东向北西逐渐变小。

渭北石炭纪—二叠纪煤田山西组 3 号煤层原煤全硫含量在 0.21%～3.71%，平均值为 0.68%，属低硫煤；浮煤全硫含量在 0.21%～0.87%，平均值为 0.45%。平面上韩城矿区北东和南东部分布有少量的低中硫—中硫煤，其他地区均为低硫煤。太原组 5 号煤层原煤全硫含量在 0.42%～8.63%，综合平均值在 1.58%～3.32%，属中硫—高硫煤；浮煤全硫含量在 0.38%～3.93%，综合平均值在 0.77%～2.48%。平面上韩城矿区全硫含量相对较低，大部分为低中—中硫煤，矿区中南部分布有少量中高硫煤；澄合矿区和蒲白矿区的东北部和西南部硫分含量较高，矿区大部分地区以中高—高硫煤为主，低中硫和中硫煤较少；铜川矿区东部以中高—高硫煤为主，中硫煤零星分布，西部的耀西找煤区由西向东全硫含量逐渐降低，但均为中高—高硫煤。太原组 10 号煤层原煤全硫含量在 1.21%～16.58%，综合平均值在 5.34%～8.01%，属高硫煤；浮煤全硫含量在 1.32%～11.43%，综合平均值在 3.65%～5.52%。平面上，澄合矿区东部由北向南、西部由南向北全硫含量逐渐降低，矿区内大部分地区属高硫煤，中硫和中高硫煤零星分布；蒲白矿区南部和北部全硫含量偏高，向中部逐渐降低，但均为高硫煤；铜川矿区东部由北向南、西北部由南向北全硫含量逐渐降低，但属高硫煤。中高硫煤仅在铜川和澄合两矿区零星分布。太原组 11 号煤层原煤全硫含量在 0.58%～9.38%，平均值为 4.25%，属高硫煤；浮煤全硫含量在 0.35%～6.99%，平均值为 3.88%。渭北石炭纪—二叠纪煤田各煤层全硫含量普遍较高，除韩城矿区的 3、5 号煤全硫含量较低外，其他各矿区均属中高—高硫煤。在垂向上，下部煤层全硫含量高于上部煤层(表 4-7)。

表 4-7　陕西省石炭纪—二叠纪原煤全硫含量统计表　　(单位：%)

府谷矿区		吴堡矿区		铜川矿区		蒲白矿区		澄合矿区		韩城矿区	
煤层	全硫含量	煤层	全硫含量	煤层	全硫含量	煤层	全硫含量	煤层	全硫含量	煤层	全硫含量
4 号	0.6	S1 号	0.54	3 号		3 号		3 号		3 号	0.68
6 号	1.43	t1 号	1.54	5 号	3.32	5 号	3.25	5 号	2.9	5 号	1.58
7 号	1.26			10 号	6.65	10 号	8.01	10 号	5.34	10 号	
8 号	1.24			11 号		11 号		11 号		11 号	4.25

三叠纪煤田 5 号煤层原煤全硫含量在 0.26%～1.41%，平均值为 0.57%；浮煤全硫含量在 0.31%～0.85%，平均值为 0.49%。3 号煤层原煤全硫含量在 0.41%～0.68%，平均值为 0.52%；浮煤全硫含量在 0.43%～0.59%，平均值为 0.51%。5 号、3 号煤层均属低硫煤。平面上，特低硫煤主要分布在东南、中部和西北部，低硫煤分布在三叠纪煤田西南部和东北部。

陕西省侏罗纪煤以硫含量低为特征。陕北侏罗纪煤田 2^{-2} 号煤层原煤全硫含量在 0.21%～3.98%，综合平均值为 0.32%～1.79%；浮煤全硫含量在 0.13%～2.20%，综合平均值为 0.24%～1.00%。3^{-1} 号煤层原煤全硫含量在 0.17%～2.25%，综合平均值为 0.25%～0.85%；浮煤全硫含量在 0.10%～0.90%，综合平均值为 0.23%～0.48%。5^{-1} 号煤层原煤全硫含量在 0.16%～0.71%，平均值为 0.27%；浮煤全硫含量在 0.12%～0.91%，平均值为 0.22%。5^{-2} 号煤层原煤全硫含量在 0.20%～1.89%，平均值为 0.042%～0.38%；浮煤全硫含量在 0.15%～0.55%，平均值为 0.26%。除榆横矿区 2^{-2} 煤层全硫平均含量为 1.79%，属中硫煤外，其余煤层全硫含量综合平均值均小于 0.90%，属特低—低硫煤。黄陇侏罗纪煤田主要可采煤层原煤全硫含量在 0.08%～5.85%，综合平均值为 0.44%～2.09%。永陇矿区主采煤层原煤全硫含量最低，为特低硫煤；其次是黄陵和彬长矿区，煤层全硫含量相对较低，为低硫煤；焦坪和旬耀矿区全硫含量相对较高，为中—中高硫煤。浮煤全硫含量在 0.07%～2.30%，综合平均值为 0.27%～1.06%。其中黄陵、彬长和永陇矿区主采煤层浮煤全硫含量综合平均值均小于 0.50%。平面变化规律：黄陵矿区除西—西南角分布有少量中高硫煤及低中—中硫煤外，其余大部分地区为特低—低硫煤；焦坪矿区除北部、中东部及西南部分布有少量孤立的中—中高硫煤外，其余大部分地区为特低—低硫煤；旬耀矿区西南部全硫含量偏高，为中—中高硫煤，东部全硫含量偏低，为低—低中硫煤；彬长矿区西部、西南、东部及东南角全硫含量偏高，为中—中高硫煤，矿区中部及北部全硫含量逐渐降低，为特低—低硫煤(表 4-8)。

表 4-8　陕西省侏罗纪煤田煤中全硫含量统计表　　(单位：%)

神府矿区		榆神矿区		榆横矿区		黄陵矿区		旬耀矿区		彬长矿区		永陇矿区	
煤层	全硫含量	煤层	全硫含量	煤层	全硫含量	煤层	全硫含量	煤层	全硫含量	煤层	全硫含量	煤层	全硫含量
2^{-2}号	0.32	2^{-2}号	0.67	2^{-2}号	1.79	2 号	0.61	4^{-2}号	2.09	4 号	0.71	3 号	0.44
3^{-1}号	0.25	3^{-1}号	0.52	3^{-1}号	0.85								
5^{-2}号	0.22	5^{-2}号	0.38	5^{-2}号	0.042								

三、工艺特征

(一)煤灰熔融性

陕北石炭纪—二叠纪煤田府谷矿区山西组 4 号煤层煤灰熔融性变化在 920～1500℃，平均值＞1479℃，属较高软化温度灰；太原组 6、7、8 号煤层煤灰熔融性变化在 1170～1500℃，综合平均值在 1421～1464℃，均属较高软化温度灰。吴堡矿区山西组和太原组主要可采煤层灰熔融性软化温度综合平均值在 1462～1482℃，均属较高软化温度灰。煤灰熔融性与煤灰成分中的 $SiO_2+Al_2O_3$ 含量呈正相关关系，而 Fe_2O_3 和 CaO 含量越高，煤灰熔融性越低。在府谷矿区，4 号煤层 $SiO_2+Al_2O_3$ 含量较高，平均值为 84.1%，煤灰软化温度相应也较高(＞1479℃)。6 号煤层 $SiO_2+Al_2O_3$ 含量较低，平均值为 75.45%，煤灰软化温度也相应较低(＞1421℃)。渭北石炭纪—二叠纪煤田山西组 3 号煤层煤灰熔融性在 1203～1400℃，平均值＞1395℃，属较高软化温度灰。太原组 5 号煤层煤灰熔融性在 1120～1445℃，综合平均值在 1288～1352℃。10 号煤层煤灰熔融性在 1080～1450℃，综合平均值在 1225～1312℃。11 号煤层煤灰熔融性在 1103～1400℃，平均值＞1358℃。

陕北三叠纪煤田 5 号煤层煤灰熔融性在 1284～1400℃，属中等—较高软化温度灰；3 号煤层的煤灰熔融性在 1173～1370℃，属较低—较高软化温度灰。5 号煤层煤灰成分中 $SiO_2+Al_2O_3$ 含量高于 3 号煤层，因此，5 号煤层煤灰熔融性略高于 3 号煤。

侏罗纪煤田 2^{-2} 号煤层煤灰熔融性综合平均值在 1154～1240℃，属于较低软化温度灰；3^{-1} 号煤层煤灰熔融性综合平均值在 1182～1280℃，属于较低—中等软化温度灰；5^{-1} 号煤层煤灰熔融性平均值为 1183℃，属于较低软化温度灰；5^{-2} 号煤层煤灰熔融性综合平均值为 1228℃，属于较低软化温度灰；5^{-3} 号煤层煤灰熔融性综合平均值在 1213～1220℃，属于较低软化温度灰。

(二)煤的黏结指数

石炭纪—二叠纪煤田，陕北府谷矿区主采煤层浮煤黏结指数变化在 0～31，一般为 5～35，其黏结性属弱—中等。吴堡矿区主要可采煤层浮煤黏结指数为 15.9～100.7，平均值为 79.5，表明煤层的黏结性均好，属中黏结—特强黏结煤。渭北的铜川、蒲白和澄合矿区 5 号煤层煤的黏结指数为 0～83.5，平均值为 9.4～52.7，属不黏结—强黏结煤；

铜川、蒲白和澄合矿区 10 号煤层煤的黏结指数为 0～71.0，平均值为 12.2～28.9，属不黏结—强黏结煤；韩城矿区 11 号煤层煤的黏结指数为 0，属不黏煤。

陕北三叠纪煤田 5 号和 3 号煤层浮煤黏结指数为 65～94，平均值为 81～85，属强黏结—特强黏结煤。

侏罗纪煤田主要可采煤层黏结指数大多为零，榆神和榆横矿区局部范围下部煤层黏结指数见图 4-3。

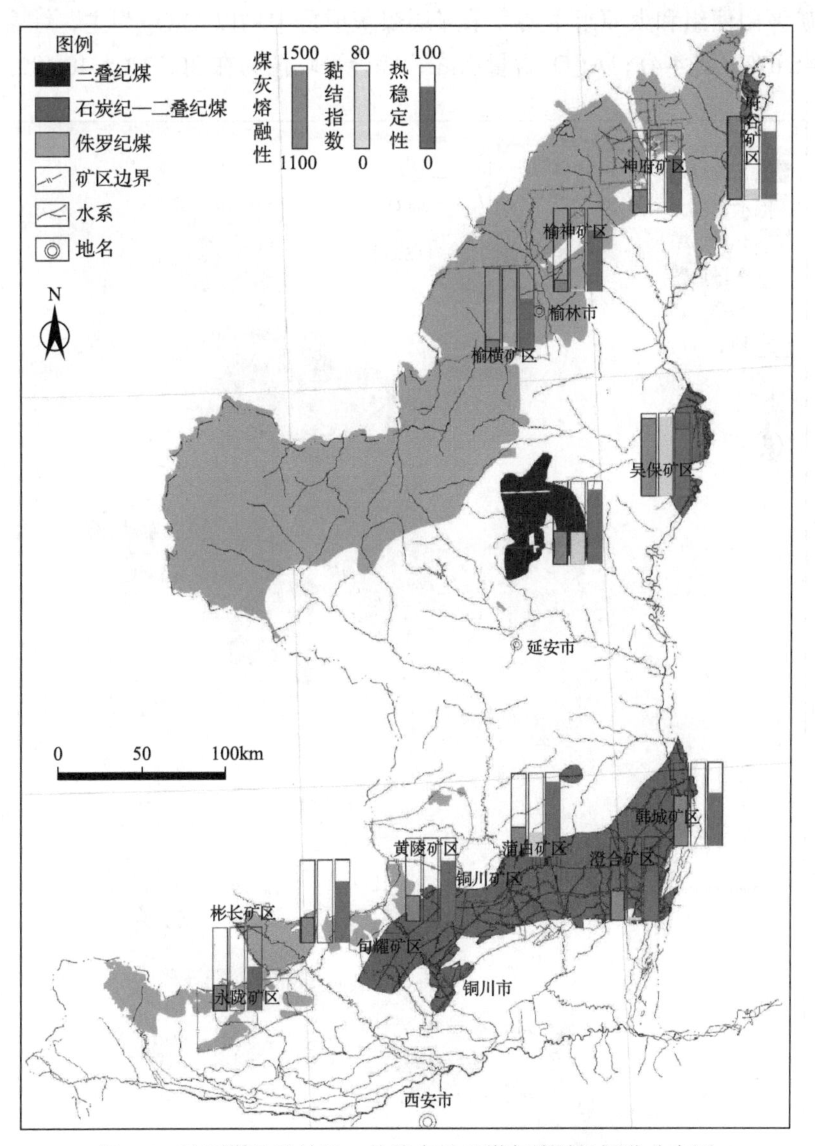

图 4-3　陕西煤的黏结性、热稳定性及煤灰熔融性评分分布图

（三）煤的热稳定性

陕北石炭纪—二叠纪煤田府谷矿区山西组和太原组主要可采煤层热稳定性变化在

70.6%～94.9%，平均值为 84.7%，均属高热稳定性煤。吴堡矿区山西组和太原组主要可采煤层煤的热稳定性值变化在 92.2%～93.5%，平均值为 92.6%，属低—高热稳定性煤。渭北石炭纪—二叠纪煤田煤层热稳定性为 69.2%～71.3%，属于低—中热稳定性煤。

侏罗纪煤田主要可采煤层热稳定性综合平均值在 70.0%～91.7%，属高热稳定性煤。

四、煤灰成分

府谷矿区山西组和太原组主要可采煤层煤灰成分中均以 SiO_2 为主，综合平均值在 43.62%～45.67%(图 4-4)；Al_2O_3 含量次之，综合平均值为在 30.32%～40.48%；Fe_2O_3、

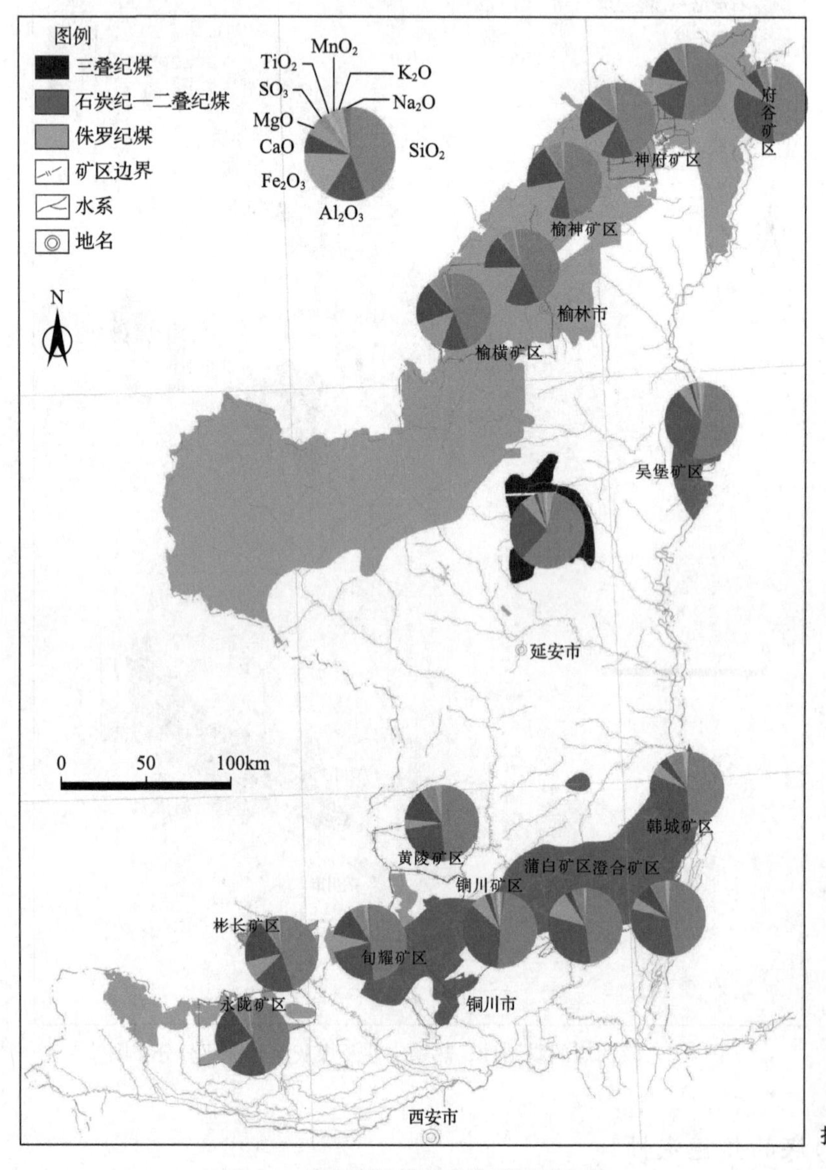

图 4-4　陕西煤的煤灰成分平面分布图

CaO 和 MgO 含量均较少。吴堡矿区山西组和太原组主要可采煤层煤灰成分中均以 SiO_2 为主，综合平均值为在 48.19%～51.27%；Al_2O_3 含量次之，综合平均值为 36.14%～37.32%；Fe_2O_3、CaO 和 MgO 含量均较少。山西组 3 号煤层煤灰成分以 SiO_2 为主，平均值为 45.3%；Al_2O_3 次之，平均值为 35.84%；Fe_2O_3、CaO 及 MgO 含量均较少。太原组 5 号、10 号及 11 号煤层煤灰成分中均以 SiO_2 为主，其中 5 号煤层综合平均值在 38.27%～42.54%，10 号煤层综合平均值在 32.95%～37.48%，11 号煤层综合平均值为 42.65%；Al_2O_3 次之，5 号煤层综合平均值在 31.74%～33.54%；10 号煤层综合平均值在 25.88%～28.87%，11 号煤层综合平均值为 36.50%；Fe_2O_3、CaO 及 MgO 含量均较少。

陕北三叠纪煤田 5 号和 3 号煤层煤灰成分中均以 SiO_2 为主，其含量在 47.16%～57.88%，综合平均值为 53.64%～56.47%；Al_2O_3 次之，含量在 24.61%～38.71%，综合平均值为 29.80%～34.12%；Fe_2O_3、CaO 和 MgO 含量均较少。

侏罗纪煤田主要可采煤层煤灰成分以 SiO_2 为主，综合平均值在 25.28%～53.48%。Al_2O_3、Fe_2O_3 和 CaO 次之，其中 Al_2O_3 综合平均值在 10.26%～15.69%，Fe_2O_3 综合平均值在 8.12%～26.69%，CaO 综合平均值在 9.98%～26.74%；MgO 含量较少，其综合平均值在 0.85%～3.04%。

第五章

陕西省特殊用煤资源分布特征及潜力评价

第一节 特殊用煤类型

特殊用煤是指各项煤岩煤质等指标符合液化、气化、焦化用煤的煤炭资源。陕西省煤类以长焰煤为主，弱黏煤、不黏煤和气煤次之，煤炭资源以适合气化为主，部分适合焦化和液化。

一、特殊用煤分类

按照《特殊用煤资源潜力调查评价技术要求(试行)》及相关指标参数要求，特殊用煤可分为焦化用煤、液化用煤及气化用煤，其中，焦化用煤可细分为冶金焦化用煤及铸造焦化用煤；液化用煤可细分为优质、中等及一般液化用煤(褐煤、烟煤)；气化用煤可细分为常压固定床、流化床、气流床气化用煤。

二、直接液化、气化、焦化用煤煤质评价体系

1. 直接液化用煤评价指标体系

在分析总结前人研究成果的基础上，建议以如下指标作为直接液化用煤的质量评价指标(表 5-1)。

表 5-1 直接液化用煤评价指标分级表(原煤)

<table>
<tr><th rowspan="2">指标分级</th><th colspan="5">评价指标</th></tr>
<tr><th>挥发分/%</th><th>镜质组平均
最大反射率/%</th><th>氢碳原子比</th><th>惰质组含量/%</th><th>灰分/%</th></tr>
<tr><td>一级指标</td><td rowspan="2">>35.00</td><td rowspan="2"><0.65</td><td>>0.75</td><td>≤15.00</td><td>≤12.00</td></tr>
<tr><td>二级指标</td><td>0.70～0.75</td><td>15.00～35.00</td><td>12.00～25.00</td></tr>
</table>

注：氢碳原子比用干燥无灰基表示；惰质组含量用去矿物基表示。

(1)氢碳原子比；

(2)镜质组平均最大反射率，挥发分，煤中镜质组和壳质组的含量(即活性组分含量)；

(3)全硫含量；

(4)灰分。

2. 气化用煤评价指标体系

首先收集煤炭气化企业煤质指标和其他研究成果资料进行分析研究，了解煤炭在气化炉气化过程中煤质的基本物性数据，总结分析气化用煤煤质指标变化范围；其次结合本次采样化验测试成果，采用对标法，对比《流化床气化用原料煤技术条件》(GB/T 29721—2013)、《商品煤质量 固定床气化用煤》(GB/T 9143—2021)、《商品煤质量 流床气化用煤》(GB/T 29722—2021)中三种不同工艺煤质技术要求——全水分、灰分、全硫含量、煤灰熔融性、对 CO_2 反应性、黏结指数、热稳定性等，分析重点矿区煤质参数与气化用煤标准的差异，提出适合重点矿区煤炭气化的煤质指标体系(表 5-2～表 5-5)。

表 5-2 固定床气化用煤评价指标体系

<table>
<tr><th rowspan="2">指标分级</th><th rowspan="2">黏结指数</th><th colspan="2">煤灰熔融性</th><th colspan="2">块煤热稳定性/%</th><th rowspan="2">灰分/%</th></tr>
<tr><th>固态排渣软化温度/℃</th><th>液态排渣流动温度/℃</th><th>常压</th><th>加压</th></tr>
<tr><td>一级指标</td><td>≤20</td><td>≥1250</td><td>≤1250</td><td rowspan="2">>60</td><td rowspan="2">>80</td><td rowspan="2"><25</td></tr>
<tr><td>二级指标</td><td>20～50</td><td>1050～1250</td><td>1250～1450</td></tr>
</table>

表 5-3 流化床气化用煤评价指标体系

<table>
<tr><th>指标分级</th><th>950℃下，煤对 CO_2 反应性 α /%</th><th>黏结指数</th><th>煤灰熔融性/℃</th></tr>
<tr><td>一级指标</td><td>≥80</td><td>≤20</td><td rowspan="2">≥1050</td></tr>
<tr><td>二级指标</td><td>60～80</td><td>20～35</td></tr>
</table>

表 5-4 水煤浆气流床气化用煤评价指标体系

<table>
<tr><th>指标分级</th><th>煤灰熔融性/℃</th><th>水分/%</th><th>哈氏可磨性指数</th><th>灰分/%</th></tr>
<tr><td>一级指标</td><td rowspan="2">≤1350</td><td rowspan="2">≤10</td><td>>60</td><td>≤10</td></tr>
<tr><td>二级指标</td><td>50～60</td><td>10～25</td></tr>
</table>

表 5-5 干煤粉气流床气化用煤评价指标体系

<table>
<tr><th>指标分级</th><th>煤灰熔融性/℃</th><th>灰分/%</th></tr>
<tr><td>一级指标</td><td rowspan="2">≤1450</td><td>≤20</td></tr>
<tr><td>二级指标</td><td>20～35</td></tr>
</table>

3. 焦化用煤评价指标体系

认真分析我国煤炭工业分类的主要煤质指标，充分调研我国不同炼焦技术的技术参数，结合《炼焦用煤技术条件》(GB/T 397—2009)中规定的炼焦用煤的类别(气煤、气肥煤、1/3 焦煤、肥煤、焦煤、瘦煤)，分析随着炼焦技术的发展，不同煤类在炼焦过程中的可行性。主要从煤的变质程度、岩相组成、黏结性和结焦性、化学成分以及煤的可选性等方面进行煤炭焦化的质量评价(表 5-6)。

表 5-6　炼焦用原料煤煤质评价指标表

煤类	指标等级	灰分/%	全硫含量/%	磷分/%
气煤	一级指标	≤8.00	≤0.50	<0.05
	二级指标	8.00～10.00	0.50～1.00	
气肥煤	一级指标	≤10.00	≤0.75	
	二级指标	10.00～12.50	0.75～1.25	
1/3 焦煤	一级指标	≤8.00	≤0.50	
	二级指标	8.00～10.00	0.50～1.00	
肥煤	一级指标	≤10.00	≤0.75	
	二级指标	10.00～12.50	0.75～1.25	
焦煤	一级指标	≤10.00	≤0.75	
	二级指标	10.00～12.50	0.75～1.25	
瘦煤	一级指标	≤10.00	≤0.75	
	二级指标	10.00～12.50	0.75～1.25	

注：表中灰分、全硫含量为浮煤指标，原煤经过浮沉试验后，密度≤1.4g/cm^3，浮煤回收率≥40%。

第二节　特殊用煤资源分布状况

陕西省煤炭资源丰富，主要分布在渭河以北，有陕北侏罗纪煤田、陕北石炭纪—二叠纪煤田、陕北三叠纪煤田、黄陇侏罗纪煤田及渭北石炭纪—二叠纪煤田。秦岭以南地区煤炭资源分布点多，但资源储量小。

渭河以北五大煤田资源储量大，煤类由低变质长焰煤到高变质无烟煤均有分布。其中侏罗纪煤田以低变质长馅煤、不黏煤和弱黏煤为主，陕北三叠纪煤田以中变质气肥煤为主，渭北石炭纪—二叠纪煤田为高变质的瘦煤至无烟煤，陕北石炭纪—二叠纪煤田低变质长焰煤、不黏煤与中高变质贫瘦煤均有分布。目前陕西省开采的煤炭资源主要为侏罗纪低变质长焰煤和不黏煤，石炭纪—二叠纪低变质长焰煤、不黏煤与中高变质贫瘦煤及三叠纪中变质气肥煤；陕南煤产地查明煤炭资源煤类主要为高变质阶段贫煤和无烟煤。

渭河以北五大煤田勘查程度较高，目前渭北石炭纪—二叠纪煤田的中浅部地区、陕北石炭纪—二叠纪煤田煤层埋深 1000m 以浅地区、黄陇侏罗纪煤田中东部、陕北三叠纪煤田和陕北侏罗纪煤田的中北部都已勘查或开发。

截至 2015 年底，陕西省累计探获 2000m 以浅煤炭资源量 4074.92 亿 t，保有资源量 1795.12 亿 t。14 个批复矿区累计查明煤炭资源量 840.38 亿 t，累计保有煤炭资源量 794.28 亿 t 左右(表 5-7)，陕北侏罗系煤田榆神矿区、榆横矿区和神府矿区保有资源量均超过百亿吨(图 5-1)。按煤类统计，陕西省 14 个批复矿区的保有资源量主要为不黏煤(BN)、长焰煤(CY)和气煤(QM)，分别为 3382620.2 万 t、2761565.4 万 t、668662.2 万 t，其他依次为贫煤(PM)、瘦煤(SM)、焦煤(JM)、贫瘦煤(PS)、弱黏煤(RN)和无烟煤(WY)(图 5-2)。

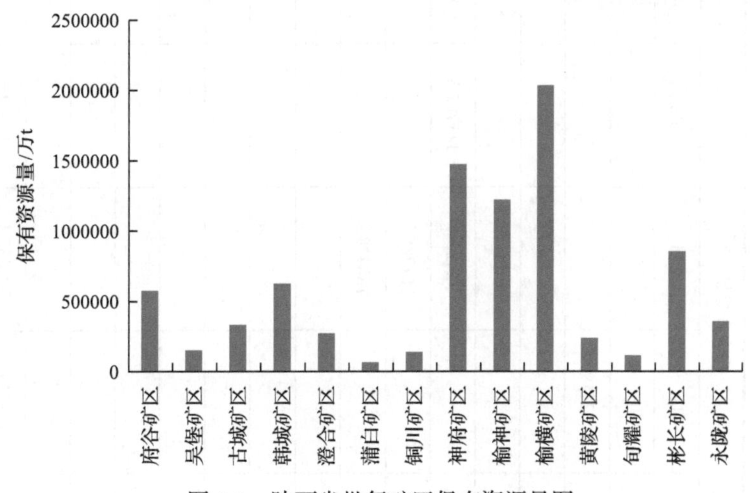

图 5-1 陕西省批复矿区保有资源量图

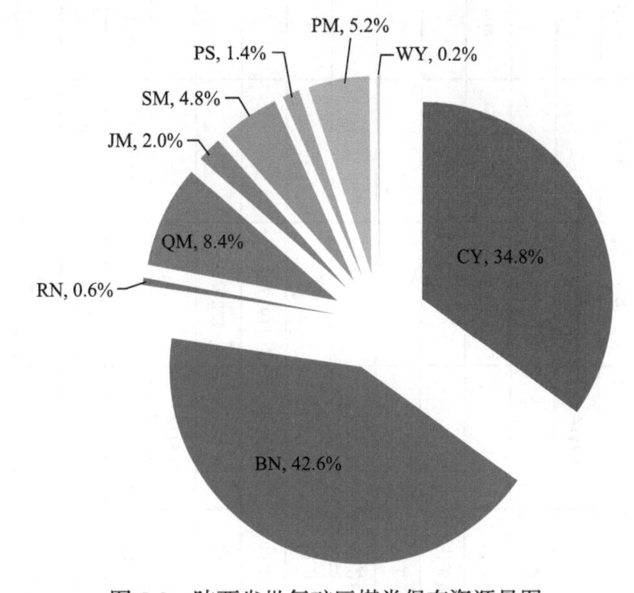

图 5-2 陕西省批复矿区煤类保有资源量图

表 5-7　陕西省批复矿区保有资源量

(单位：万 t)

矿区	保有资源量									
	CY	BN	RN	QM	JM	SM	PS	PM	WY	合计
府谷矿区	569114.9			15995.6						585110.5
吴堡矿区					162719					162719
古城矿区				404148						404148
韩城矿区								325118	18599	343717
澄合矿区						32425.4	111702.3	83989.1		228116.8
蒲白矿区						161785.1				161785.1
铜川矿区						188428.6		165.6		188594.2
神府矿区	260871.5	1193729.9								1454601.4
榆神矿区		1220239								1220239
榆横矿区	1651114									1651114
黄陵矿区			37960.1	248518.6						286478.7
旬耀矿区	2709.1	89916.2	7047.9							99673.2
彬长矿区		878735.1								878735.1
永陇矿区	277755.9									277755.9
合计	2761565.4	3382620.2	45008	668662.2	162719	382639.1	111702.3	409272.7	18599	7942787.9

依据液化、气化、焦化用煤对煤质的基本要求，结合专项地质调查和矿井地质调查结果，初步预测液化用煤主要分布于府谷矿区、榆横矿区、神府矿区、榆神矿区等低阶长焰煤分布地区；气化用煤主要分布于彬长矿区、永陇矿区等低阶烟煤分布地区；焦化用煤主要分布于渭北石炭纪—二叠纪煤田铜川矿区、蒲白矿区、澄合矿区和韩城矿区。

一、直接液化用煤

陕西省特殊用煤资源潜力调查评价工作的重点在于评价陕西省直接液化用煤资源分布及其资源储量。通过资料分析和野外调查，基本确定直接液化用煤资源主要分布在府谷矿区、神府矿区、榆横矿区和榆神矿区。

1. 府谷矿区

府谷矿区主要可采煤层原煤的镜质组平均最大反射率为 0.61%～0.66%(表 5-8)，属Ⅰ—Ⅱ变质阶段的较低变质烟煤，以长焰煤为主；其挥发分在 35.00%～51.56%；垂向上，由上部煤层到下部煤层挥发分有下降的趋势；平面上，煤的变质程度由南自北逐渐减弱，煤变质属于区域变质作用类型。浅部可采煤层煤类以长焰煤为主，不黏煤、弱黏煤次之，气煤含量最小。

表 5-8　府谷矿区主要可采煤层显微煤岩组成特征表　　(单位：%)

矿区	含煤地层	煤层号	镜质组	惰质组	壳质组	有机总量	黏土类	硫化物	碳酸盐	镜质组平均最大反射率
府谷矿区	山西组	4号	35.12～66.7[a] 50.5[b]	18.0～42.7 28.1	1.7～11.6 5.0	83.6	5.7～25.8 14.0	0.0～0.9 0.5	0.1～5.4 1.9	0.61
	太原组	6号	53.4～60.3 58.9	18.0～29.4 24.3	4.8～8.9 6.9	90.1	2.3～21.8 8.9	0.8～2.4 1.7	0.0～0.8 0.4	
		7号	40.2～61.8 52.2	17.9～38.2 29.9	3.2～9.2 5.8	87.9	3.9～23.2 9.7	0.1～2.2 0.9	0.0～7.8 1.5	
		8号	37.4～58.6 47.6	18.4～49.8 35.5	4.7～8.0 5.7	88.8	2.8～15.4 10.2	0.0～1.7 0.7	0.0～0.9 0.3	0.66

a 表示取值范围。

b 表示平均值。

通过分析各煤层分布、可采范围以及资源量后发现，府谷矿区可采煤层共 12 层，无全区可采煤层，3、4、7、8、9^{-2}、10^{-1} 号等煤层为大部可采，分别占总资源量的 6.2%、28.5%、8.4%、13.4%、10.8%、13.1%，2、5、6、9^{-1}、11 号煤层局部可采，10^{-2} 号煤零星可采。

4 号煤层是府谷矿区主要可采煤层，对其进行特殊用煤资源评价必然是府谷矿区特殊用煤评价工作的重点。除 4 号煤层之外，7、8、9^{-2}、10^{-1} 号等煤层煤资源量占比较大，形成环境也近一致。4 号煤氢碳原子比平均值为 0.78(N=175)，平面上，府谷矿区内绝大部分区域(96.6%)氢碳原子比大于 0.7；原煤灰分较高，平均值为 26.08%，但洗选后均可降低至10%以下，综合判断府谷矿区4号煤层96.6%可作为直接液化用煤。8号煤层氢碳原子比平均值为0.74(N=131)，平面上94.5%区域氢碳原子比大于0.7；原煤灰分平均为21.5%，浮选后可降低至10%以下。

经综合评价，府谷矿区总保有煤炭资源量为58.50亿t，特殊用煤类型划分为一级直接液化用煤、二级直接液化用煤，二级流化床气化用煤，对应的保有资源量分别为40.53亿t、15.52亿t、2.45亿t(图5-3、表5-9)。

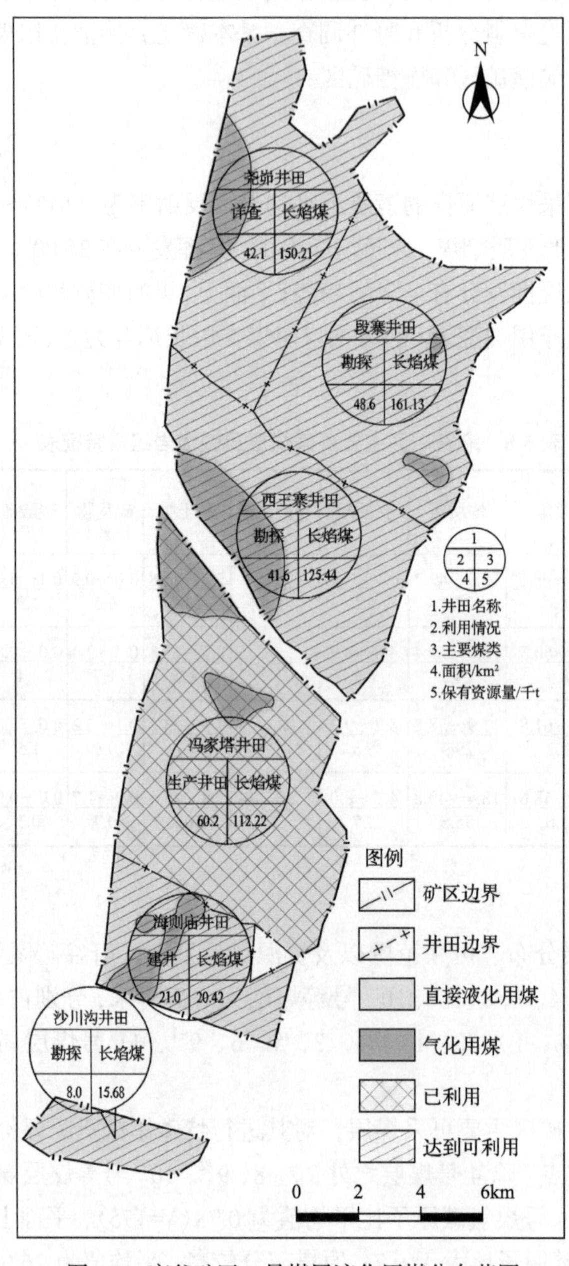

图5-3 府谷矿区8号煤层液化用煤分布范围

表 5-9 府谷矿区特殊用煤类型及保有资源量统计表 (单位：亿 t)

井田名称	特殊用煤类型	4 号煤资源量	8 号煤资源量	总资源量
尧峁	一级直接液化用煤	3.42	1.10	11.81
	二级直接液化用煤	1.06	0.17	3.22
段寨	一级直接液化用煤	3.36	1.11	10.02
	二级直接液化用煤	1.62	1.08	5.93
	二级流化床气化用煤	0.07	0.00	0.16
西王寨	一级直接液化用煤	3.36	0.71	8.84
	二级直接液化用煤	0.32	0.61	2.01
	二级流化床	0.48	0.30	1.69
冯家塔	一级直接液化用煤	3.36	0.35	7.71
	二级直接液化用煤	0.32	0.76	3.2
	二级流化床	0.00	0.09	0.30
海则庙	一级直接液化用煤	0.055	0.25	1.13
	二级直接液化用煤	0.003	0.16	0.61
	二级流化床	0.002	0.08	0.30
沙川沟	一级直接液化用煤	0.27	0.45	1.02
	二级直接液化用煤	0.00	0.39	0.55

2. 神府矿区

矿区主要含煤 5 组，主要可采煤层 4 层，分别为 2^{-2} 号煤层、3^{-1} 号煤层、4^{-2} 号煤层、5^{-2} 号煤层。其中 5^{-2} 号煤层几乎全矿区可采，厚度可达 9m。

根据其煤岩煤质指标研究，神府矿区部分井田适合直接液化，其主采煤层为 5^{-2} 号煤层，适合直接液化的井田主要位于矿区西北部，分别为郭家湾井田、孙家岔井田、柠条塔井田、张家峁井田。4^{-2} 号煤层液化用煤分布范围与之相近，主要分布在孙家岔、柠条塔、张家峁等井田。

经评价估算，神府矿区一级直接液化用煤资源量为 9.42 亿 t，二级直接液化用煤资源量为 41 亿 t，二级常压固定床气化用煤资源量为 85.62 亿 t，二级加压固定床气化用煤资源量为 9.42 亿 t(表 5-10)。

表 5-10 神府矿区特殊用煤资源量统计表 (单位：亿 t)

井田名称	分类等级	4^{-2} 号煤资源量	5^{-2} 号煤资源量	资源量
孙家岔井田	一级直接液化用煤	0.24		1.15
	二级直接液化用煤	0.18	2.03	6.72
	二级常压固定床气化用煤	0	0.38	1.08

续表

井田名称	分类等级	4^{-2}号煤资源量	5^{-2}号煤资源量	资源量
柠条塔井田	一级直接液化用煤	2.63	0.14	6.62
	二级直接液化用煤	0.81	4.07	11.6
	二级常压固定床气化用煤	0.35	2.93	7.84
红柳林井田	二级直接液化用煤	1.58	2.01	5.55
	二级常压固定床气化用煤	2.44		3.76
	二级加压固定床气化用煤	0	5.95	9.19
张家峁井田	一级直接液化用煤			0.20
	二级直接液化用煤			6.26
	二级常压固定床气化用煤			2.49
郭家湾井田	一级直接液化用煤		0.07	1.43
	二级直接液化用煤		0.14	2.9
	二级常压固定床气化用煤	0.28	0.23	10.5
石窑店井田	二级直接液化用煤		0.49	0.99
	二级常压固定床气化用煤		4.02	8.03
新民普查区	二级直接液化用煤			5.09
	二级常压固定床气化用煤			14.75
三道沟井田	二级直接液化用煤		0.19	0.29
	二级常压固定床气化用煤	2.74	14.87	26.6
青龙寺井田	二级直接液化用煤		0.74	1.27
	二级常压固定床气化用煤	0.18	0.97	1.98
沙沟岔井田	一级直接液化用煤		0.04	0.02
	二级直接液化用煤	0.13	0.38	0.21
	二级常压固定床气化用煤	0.55		0.22
	二级加压固定床气化用煤		0.57	0.23
杨伙盘井田	二级直接液化用煤		0.06	0.1
	二级常压固定床气化用煤	0.43	1.31	2.93
南梁煤矿	二级直接液化用煤			0.02
	二级常压固定床气化用煤			1.41
榆家梁井田	二级常压固定床气化用煤		0.67	4.03
	二级加压固定床气化用煤	0.17		

3. 榆横矿区

榆横矿区上部 2^{-2} 号煤层东北部及东南部以长焰煤为主，北部局部为弱黏煤；中部 3^{-1} 号煤层以不黏煤为主，其次为长焰煤；下部 5^{-3} 号煤层煤类主要为不黏煤，长焰煤较少，弱黏煤主要分布于西南部。煤类分布垂向上表现较为明显，煤的变质程度由浅至深，变质程度有所增高。煤质数据显示，榆横矿区具有较高的挥发分、氢碳原子比等有利于液化的指标，同时也存在惰质组含量高等不利于液化的指标(表 5-11)。

表 5-11　榆横矿区 2^{-2} 号煤层煤质数据液化用煤评价指标对照表

参数	评价指标				
	挥发分/%	镜质组平均最大反射率/%	氢碳原子比	惰质组含量/%	灰分/%
一级指标	＞35.00	0.54～0.653	＞0.75	1.2～15.00	≤12.00
二级指标			0.70～0.75	15.00～60.20	12.00～25.00
小纪汉井田	33.47～45.66	缺少	0.44～0.79	缺少	3.61～29.33
红石峡井田	29.88～43.22	0.54～0.63	0.69～0.75	1.2～7.4	4.52～20.43
乌素海则井田	21.19～44.79	缺少	0.66～0.77	缺少	4.57～19.59
巴拉素井田	32.98～44.47	0.605～0.63	0.59～0.83	51.05～60.2	5.09～15.2
红石桥井田	33.55～42.74	缺少	0.62～0.76	缺少	4.58～14.07
魏墙井田	35.23～42.28	0.581～0.653	0.61～0.77	19～34.7	5.43～18.53
芦河井田	35.99～49.05	缺少	0.62～0.78	缺少	4.15～21.5
芦殿井田	33.29～46.02	缺少	0.62～0.80	缺少	4.9～19.77

经综合评价矿区内特殊用煤类型划分为一级直接液化用煤、二级直接液化用煤、一级常压固定床气化用煤、二级常压固定床气化用煤。其中一级液化用煤主要分布在乌苏海则井田和巴拉素井田北部，二级液化用煤主要分布在上述两个井田南部及红石桥井田、红石峡井田。常压固定床气化用煤主要分布在小纪汉井田。

经估算，榆横矿区所掌握资料覆盖范围内，3 号煤层一级直接液化用煤 32.41 亿 t、二级直接液化用煤 54.98 亿 t、一级常压固定床气化用煤 4.38 亿 t、二级常压固定床气化用煤 9.33 亿 t。总保有资源量 203.58 亿 t，其中一级直接液化用煤 60.62 亿 t、二级直接液化用煤 95.39 亿 t、一级常压固定床气化用煤 8.08 亿 t、二级常压固定床气化用煤 42.69 亿 t (表 5-12)。

表 5-12　榆横矿区特殊用煤资源评价表

井田名称	特殊用煤类型	3 号煤层资源量/万 t	总资源量/亿 t
小纪汉井田	二级常压固定床气化用煤	43314	31.59
红石峡井田	二级直接液化用煤	34505	7.3

续表

井田名称	特殊用煤类型	3 号煤层资源量/万 t	总资源量/亿 t
魏墙井田	二级直接液化用煤	25252	2.72
	二级常压固定床气化用煤	13691	1.48
芦河井田	一级直接液化用煤	470	0.04
	二级直接液化用煤	21557	2.15
芦殿井田	一级直接液化用煤	1463	0.14
	二级直接液化用煤	15804	1.58
红石桥井田	一级直接液化用煤	12123	2.14
	二级直接液化用煤	229746	40.7
	二级常压固定床气化用煤	26489	4.69
巴拉素井田	一级直接液化用煤	162848	32.23
	二级直接液化用煤	69473	13.75
	一级常压固定床气化用煤	16201	3.2
乌素海则井田	一级直接液化用煤	147161	26.07
	二级直接液化用煤	153488	27.19
	一级常压固定床气化用煤	27575	4.88
	二级常压固定床气化用煤	9788	1.73

4. 榆神矿区

榆神矿区含煤 5 组，主采煤层为 5^{-2} 号煤层，占矿区总资源量的 29.51%，其余 4^{-2}、3^{-1}、2^{-2} 号煤层亦有较大范围可采，分别占总资源量的 11.28%、17.53%、21.59%。

比较各煤层资源量分布，5^{-2} 号煤层是榆神矿区最主要可采煤层，几乎全区可采，对其进行特殊用煤资源重点评价。3^{-1} 号煤层和 2^{-2} 号煤层虽然资源量较大，但在凉水井、香水河等井田不可采。通过煤岩煤质数据综合分析，榆神矿区特殊用煤类型划分为二级液化用煤和一级常压固定床气化用煤。

经估算，在资料覆盖范围内，5^{-2} 号煤层二级液化用煤资源量为 16.68 亿 t，一级常压固定床气化用煤资源量为 28.86 亿 t。资料覆盖区总保有资源量 123.04 亿 t，其中二级液化用煤 66.39 亿 t，一级常压固定床气化用煤 56.65 亿 t(表 5-13)。

表 5-13　榆神矿区特殊用煤资源量统计表

井田名称	特殊用煤类型	5^{-2} 号煤层资源量/万 t	总保有资源量/亿 t
锦界井田	一级常压固定床气化	10070.6	1.14
	二级直接液化用煤	57959.39	16.63

续表

井田名称	特殊用煤类型	5^{-2}号煤层资源量/万 t	总保有资源量/亿 t
凉水井井田	一级常压固定床气化	7939.3	2.24
	二级直接液化用煤	13261.69	1.82
香水河井田	一级常压固定床气化	13977.46	1.91
	二级直接液化用煤	3535.53	0.35
小保当 1、2 号井田	一级常压固定床气化	124667.19	28.91
	二级直接液化用煤	45924.8	15.14
小壕兔 1、2 号井田	一级常压固定床气化	131987.45	22.45
	二级直接液化用煤	46144.54	32.45

二、焦化用煤

陕西省焦化用煤主要分布在渭北石炭纪—二叠纪煤田，其煤类主要为贫瘦煤、贫煤、瘦煤、无烟煤。另外，陕北石炭纪—二叠纪煤田吴堡矿区也是焦化用煤资源分布矿区，其煤类主要为焦煤、肥煤。

1. 渭北石炭纪—二叠纪煤田

渭北石炭纪—二叠纪煤田主要可采煤层显微煤岩组成中显微组分普遍较高，其综合平均值在 86.9%～95.3%，镜质组+半镜质组综合平均值在 48.6%～69.3%，惰质组综合平均值为 20.2%～46.7%。其中 3 号煤层显微组分平均值为 88.7%，镜质组+半镜质组平均值为 59.0%，惰质组平均值为 29.7%；5 号煤层显微组分综合平均值为 87.6%～90.2%，镜质组+半镜质组综合平均值为 49.2%～62.5%，惰质组综合平均值为 27.5%～38.4%；10 号煤层显微组分综合平均值为 90.4%～95.3%，镜质组+半镜质组综合平均值为 48.6%～69.3%，惰质组综合平均值为 22.6%～46.7%；11 号煤层显微组分平均值为 86.9%，镜质组+半镜质组平均值为 49.8%，惰质组平均值为 37.1%。矿物成分以黏土类为主，其综合平均值为 1.6%～11.3%，硫化物矿物次之，碳酸盐和氧化物含量较少。主要可采煤层镜质组平均最大反射率介于 1.83%～2.12%，属Ⅴ—Ⅷ变质阶段的烟煤，且由上向下镜质组平均最大反射率逐渐增高，详见表 5-14。

表 5-14　渭北石炭纪—二叠纪煤田主要可采煤层镜质组最大反射率表　（单位：%）

煤层	铜川矿区	蒲白矿区	澄合矿区	韩城矿区
3 号				1.83
5 号	1.29～1.55[a] 1.46[b] (*N*=8)	1.48～1.81 1.60 (*N*=2)	1.55～1.75 1.66 (*N*=5)	
10 号	1.72 (*N*=1)	1.57～1.81 1.70 (*N*=3)		
11 号				2.12

a 表示取值范围。

b 表示平均值。

渭北石炭纪—二叠纪煤田主要可采煤层以中、高变质阶段的烟煤为主，煤类以贫煤、贫瘦煤、瘦煤为主，3 号煤层和 5 号煤层分布有少量焦煤。平面上分布规律：3 号煤层主要分布在韩城矿区，煤类以贫瘦煤为主，在矿区西南部有少量贫煤，西北部(西高渠)的深部有少量无烟煤。5 号煤层焦煤在铜川矿区西部耀西找煤区的东南部和蒲白矿区的西南角零星分布，瘦煤主要分布在蒲白矿区、澄合矿区中部、铜川矿区的东部及耀西找煤区的中部和东部，贫瘦煤主要分布在铜川矿区耀西找煤区的中部和北部以及澄合矿区西部和中部部分地区，贫煤主要分布在韩城矿区，澄合矿区东部、西北部和铜川矿区的耀西找煤区中西部。10 号煤层在铜川矿区东部、蒲白矿区和澄合矿区大部分地区分布的为贫瘦煤，在澄合矿区东部分布的为贫煤，焦煤和瘦煤在铜川矿区和澄合矿区东部有零星分布。11 号煤层主要分布在韩城矿区，煤类以贫煤和贫瘦煤为主，在矿区西北部(西高渠)有无烟煤分布(表 5-15)。

表 5-15　渭北石炭纪—二叠纪煤田主要可采煤层煤类

煤号	挥发分/%	黏结指数	煤类		
			类别	符号	牌号
3	7.59～9.40	0	无烟煤	WY	03
	11.19～17.39	0	贫瘦煤	PS	12
5	16.09～18.24	0～1.6	贫煤	PM	11
		5～20	贫瘦煤	PS	12
	10.36～18.52	21～50	瘦煤	SM	13
		50～62.8	瘦煤	SM	14
	11.48～15.50	53	瘦煤	SM	14
	20.19～24.30	>50	焦煤	JM	24
10	10.42～17.42	10.6～20	贫瘦煤	PS	12
	11.20～18.73	20～52.2	瘦煤	SM	13
		52.20	瘦煤	SM	14
11	7.28～9.5	0	无烟煤	WY	03
	11.55～18.05	0	贫煤	PM	11
	10.74～11.41	10.5～17.4	贫瘦煤	PS	12

煤类分布特点：焦煤一般分布在浅部，瘦煤分布在中深部，贫瘦煤、贫煤及无烟煤分布在深部。垂向上各煤层变质程度自上而下逐渐增高，挥发分逐渐降低，黏结指数也逐渐降低，构成了“希尔特定律”的典型特征。渭北石炭纪—二叠纪煤田焦化用煤保有资源量 1292334 万 t。

2. 吴堡矿区

吴堡矿区主要可采煤层显微组分含量平均值均大于90%。其中山西组S1号煤层以镜质组为主，含量在51.59%～73.49%，平均值为61.33%；惰质组次之，含量在24.05%～48.41%，平均值为38.04%；壳质组含量较少，为0.00%～2.46%，平均值为0.62%。矿物组分以黏土类矿物为主，平均值为6.0%，碳酸盐类矿物次之，平均值为2.3%，硫化物矿物含量较少。太原组t1号煤层以镜质组为主，含量在48.2%～66.8%，平均值为58.3%；惰质组次之，含量在24.3%～38.2%，平均值为31.6%；矿物组分均以黏土类矿物为主，平均值为6.6%，硫化物和碳酸盐类矿物含量较少。山西组煤层镜质组含量小于太原组煤层，惰质组含量大于太原组煤层，详见表5-16。

表5-16　吴堡矿区主要可采煤层煤岩组分及镜质组平均最大反射率表　（单位：%）

含煤地层	煤层	镜质组	半镜质组	惰质组	壳质组	有机总量	黏土类	硫化物	碳酸盐	镜质组平均最大反射率
山西组	S1号	51.59～73.49[a] 61.33[b] (*N*=5)	0.8～0.9 0.9 (*N*=2)	24.05～48.41 38.04 (*N*=5)	0～2.46 0.62 (*N*=2)	90.1	2.1～11.6 6.0 (*N*=5)	0.6～1.4 1.0 (*N*=4)	0.0～9.7 2.3 (*N*=5)	1.11～1.20 1.15 (*N*=5)
太原组	t1号	48.2～66.8 58.3	1.5～1.6 1.6 (*N*=2)	24.3～38.2 31.6 (*N*=4)		91.5	3.0～9.8 6.6 (*N*=4)	0.2～0.8 0.5 (*N*=2)	0.0～2.8 1.4 (*N*=2)	1.22～1.43 1.34 (*N*=4)

a 表示取值范围。
b 表示平均值。

吴堡矿区主要可采煤层煤类以焦煤为主，瘦煤次之，肥煤含量较少。其中山西组S1号煤层以焦煤为主，占87.13%；肥煤含量较少，占12.87%。太原组t1号煤层以焦煤为主，占66.88%；其次为瘦煤，占33.12%。

吴堡矿区主要煤层为山西组S1、S2、S3号煤层，太原组t1、t3号煤层，以t1和S1号煤层为主要可采煤层，分布占总资源量的65.37%和25.46%。依据煤岩煤质数据指标，t1号煤层中19.5%为二级焦化用煤、46.0%为一级焦化用煤，一部分区域由于全硫含量高，大于1.75%，无法作为炼焦用煤。S1号煤层5.7%为二级焦化用煤、94.3%为一级焦化用煤。以这两层煤为代表，计算出吴堡矿区炼焦用煤保有资源量为10.94亿t，其中一级焦化用煤8.71亿t，二级焦化用煤2.23亿t(表5-17)。

表5-17　吴堡矿区炼焦用煤资源量分级统计表

井田名称	分类等级	S1号煤层资源量/万t	总资源量/亿t
横沟井田	一级焦化用煤	35823.79	8.37
	二级焦化用煤	1582.2	2.18
柳壕沟井田	一级焦化用煤	3495.42	0.34
	二级焦化用煤	517.61	0.05

三、气化用煤

陕西省气化用煤资源丰富，主要分布在黄陇侏罗纪煤田的黄陵矿区、旬耀矿区、彬长矿区、永陇矿区，陕北侏罗纪煤田的神府矿区、榆神矿区、榆横矿区以及陕北石炭纪—二叠纪煤田古城矿区。

1. 陕北侏罗纪煤田

神府矿区、榆神矿区、榆横矿区煤类以长焰煤和不黏煤为主，有少量弱黏煤；煤质数据低灰低硫特征显著，由于煤岩组分中惰质组含量高，氢碳原子比不是很高，进而在一定程度上影响了其液化能力。针对这部分达不到液化指标的煤，重点评价其气化能力及适用的工艺手段。

灰分整体较低，绝大部分小于 25%；黏结指数总体较低，绝大部分低于 20，煤灰软化温度变化范围较大，总体上大部分小于 1250℃，液态煤灰流动温度大部分大于 1250℃。因此，评价其适合采用固定床气化工艺，以二级常压固定床气化用煤为主，部分井田块煤热稳定性大于 60%的，则适合作为二级加压固定床气化用煤(表 5-18)。

表 5-18　榆横矿区气化用煤相关指标对照表

参数	黏结指数	煤灰熔融性/℃		块煤热稳定性/%		灰分/%
		固态排渣软化温度	液态排渣流动温度	常压	加压	
一级指标	≤20	≥1250	≤1250	>60		<25
二级指标	20～50	1050～1250	1250～1450			
小纪汉井田	0～14	1050～1530	1085～1550			3.61～29.33
红石峡井田	0～22	1050～1365	1130～1320			4.52～20.43
乌素海则井田	0～30	1180～1420	1190～1500			4.57～19.59
巴拉素井田	0～34	1135～1370	1150～1380	85.2～95		5.09～15.2
红石桥井田	0～35	1185～1315	1210～1330	60.1～87.9		4.58～14.07
魏墙井田	0～35	1050～1430	1070～1440	93.3～94.6		5.43～18.53
芦河井田	0～16	1132～1388	1135～1407	69.3～77.2		4.15～21.5
芦殿井田	0～13	1040～1340	1100～1420	68.5～87.6		4.9～19.77

经综合评价，神府矿区二级常压固定床气化用煤资源量为 85.62 亿 t；榆神矿区一级常压固定床气化用煤 56.65 亿 t；榆横矿区一级常压固定床气化用煤 8.08 亿 t、二级常压固定床气化用煤 42.69 亿 t。

2. 黄陇侏罗纪煤田

黄陇侏罗纪煤田各主要可采煤层煤的镜质组平均最大反射率在 0.52%～0.84%，属Ⅰ—Ⅲ阶段的低变质烟煤，即长焰煤—气煤范畴。煤的变质程度由煤田东北部向西南部有逐渐降低的趋势，各矿区平面上由浅部到深部随着煤层的埋深挥发分有逐渐降低的趋势，变质类型属于区域变质作用类型。

由西南至东北煤类分别为：永陇矿区为长焰煤和不黏煤；彬长矿区、旬耀矿区和焦坪矿区均为长焰煤、不黏煤和弱黏煤；黄陵矿区为弱黏煤、1/2 中黏煤，其北部地区还出现少量气煤(表 5-19)。

表 5-19　黄陇侏罗纪煤田煤类分布

矿区(煤层编号)	浮煤挥发分/%	黏结指数	煤类	
			名称	编号
黄陵矿区(2 号)	30.03～40.22[a]/34.10[b]	5～78	弱黏煤	32
			1/2 中黏煤	33
			气煤	45
旬耀矿区(4^{-2}号)	30.06～41.77/37.01	0～11	长焰煤	41/42
			不黏煤	31
			弱黏煤	32
彬长矿区(8 号或 4 号)	27.62～37.74/32.42	0～24	长焰煤	41/42
			不黏煤	31
			弱黏煤	32
永陇矿区(3 号或下)	26.87～42.31/33.94	0	长焰煤	41
			不黏煤	21/31

a 表示取值范围。
b 表示平均值。

以彬长矿区为代表的黄陇侏罗系煤田，灰分整体较低，绝大部分小于 25%；黏结指数总体较低，绝大部分低于 20，煤灰熔融性变化范围较大，总体上大部分小于 1250℃，液态煤灰流动温度大部分大于 1250℃。因此，评价其适合采用固定床气化工艺，以二级常压固定床气化用煤为主；部分井田块煤热稳定性大于 60%而小于 80%，因而判定其适合作为二级加压固定床气化用煤(表 5-20)。

表 5-20　彬长矿区气化用煤评价指标对照表

参数	黏结指数	煤灰熔融性/℃		块煤热稳定性/%		灰分/%
		固态排渣软化温度	液态排渣流动温度	常压	加压	
一级指标	≤20	≥1250	≤1250	＞60		＜25
二级指标	＞20～50	≥1050～1250	＞1250～1450			
官牌井田	0～0.4			72～84.6		8.87～33.3
雅店井田	0～9.07			73.6～85.6		8.65～33.87

续表

参数	黏结指数	煤灰熔融性/℃		块煤热稳定性/%		灰分/%
		固态排渣软化温度	液态排渣流动温度	常压	加压	
水帘洞井田	0					5.55～19.15
文家坡井田	0～1			61.3～77.9		10.14～31.05
小庄井田	0～1.2	1190～1368	1247～1359	68.6～79.8		8.23～23.64
孟村井田	0～8			72.6～81.8		6.67～20.85
蒋家河井田	0～1.4	1200～1299	1250～1500	63.6～80.9		11.62～23.36
下沟井田	0					10.81～17.68
高家堡井田	0～0.4			63.6～80.9		5.32～21.3
胡家河井田	0～11.3	1190～1368	1247～1359	71.2～87.1		5.19～22.83
大佛寺井田	0～4	1120～1315	1135～1500	61.73～87.6		9.15～35.94

经估算，彬长矿区保有二级常压固定床气化用煤资源量 83.74 亿 t，另有 4.07 亿 t 适合作为二级液化用煤。黄陵矿区保有二级常压固定床气化用煤资源量 24.54 亿 t，旬耀矿区保有二级常压固定床气化用煤资源量 11.97 亿 t，永陇矿区保有二级常压固定床气化用煤资源量 36.05 亿 t。

第三节　陕西省特殊用煤资源开发利用现状

一、利用现状

1. 陕西省煤炭资源量

截至 2015 年底，全省 14 个经国家发展和改革委员会批复矿区中，累计查明资源储量 840.38 亿 t，保有资源量 794.30 亿 t，其中尚未占用保有资源量 260.83 亿 t，已占用保有资源量 364.10 亿 t，详见表 5-21。

表 5-21　发展和改革委员会批复矿区保有查明资源量汇总表　（单位：亿 t）

煤田	矿区	成煤时代	煤类	累计查明资源储量	保有资源量	尚未占用保有资源量	已占用保有资源量
陕北石炭纪—二叠纪煤田	府谷矿区	C—P	CY	58.81	58.51	43.68	14.83
	古城矿区	C—P	QM	40.41	40.41	33.73	0
	吴堡矿区	C—P	SM	16.27	16.27	16.27	0

续表

煤田	矿区	成煤时代	煤类	累计查明资源储量	保有资源量	尚未占用保有资源量	已占用保有资源量
陕北侏罗纪煤田	神府矿区	$J_{1-2}y$	BN	163.26	145.46	0	128.61
	榆神矿区	$J_{1-2}y$	BN	123.54	122.02	58.52	42.73
	榆横矿区	$J_{1-2}y$	BN/CY	165.9	165.11	78.93	10.9
黄陇侏罗纪煤田	彬长矿区	$J_{1-2}y$	BN	91.29	87.87	12.91	74.96
	永陇矿区	$J_{1-2}y$	BN	29.29	27.78	11.97	8.35
	黄陵矿区	$J_{1-2}y$	RN	34.14	28.65	0	28.65
	旬耀矿区	$J_{1-2}y$	BN	11.14	10	1.28	8.72
渭北石炭纪—二叠纪煤田	韩城矿区	C—P	PM、WY	36.62	34.37	3.54	25.9
	澄合矿区	C—P	SM、PM	26.43	22.81	0	6.39
	蒲白矿区	C—P	SM	18.52	16.18	0	7.26
	铜川矿区	C—P	SM、PM	24.76	18.86	0	6.8
合计				840.38	794.30	260.83	364.10

2. 液化用煤资源量

陕西省一级直接液化用煤资源主要分布在府谷矿区、神府矿区、榆横矿区、榆神矿区，一级和二级直接液化用煤累计保有资源量339.27亿t(表5-22)。

表5-22　直接液化用煤保有资源量表　　(单位：亿t)

矿区名称	直接液化用煤资源量		
	一级	二级	合计
府谷矿区	40.53	15.52	56.05
古城矿区		20.28	20.28
神府矿区	9.42	41	50.42
榆神矿区		52.44	52.44
榆横矿区	65.39	95.39	156.01
彬长矿区		4.07	4.07
合计	99.11	210.67	339.27

3. 气化用煤资源量

陕西省气化用煤资源丰富，主要分布在黄陇侏罗纪煤田的黄陵矿区、旬耀矿区、彬长矿区、永陇矿区、神府矿区、榆神矿区、榆横矿区和古城矿区等，气化用煤累计保有资源量 370.82 亿 t，其中一级常压固定床气化用煤保有资源量 25.39 亿 t，二级固定床气化用煤保有资源量 190.94 亿 t，二级流化床气化用煤保有资源量 111.23 亿 t，一级水煤浆气化用煤保有资源量 43.26 亿 t(表 5-23)。

表 5-23　气化用煤保有查明资源储量表　　(单位：亿 t)

矿区名称	气化用煤保有资源量				
	一级常压固定床	二级固定床	二级流化床	一级水煤浆	合计
府谷矿区			2.45		2.45
古城矿区		3.16			3.16
神府矿区		95.04			95.04
榆神矿区	17.31		8.66	43.26	69.23
榆横矿区	8.08	42.69			50.77
彬长矿区		27.91	55.83		83.74
永陇矿区		9.26	18.52		27.78
黄陵矿区		9.55	19.1		28.65
旬耀矿区		3.33	6.67		10
合计	25.39	190.94	111.23	43.26	370.82

4. 焦化用煤资源量

五个焦化用煤矿区的保有资源量 97.85 亿 t，其中一级焦化用煤保有资源量 94.83 亿 t，二级焦化用煤保有资源量 3.02 亿 t，详见表 5-24。

表 5-24　焦化用煤保有查明资源量表　　(单位：亿 t)

矿区名称	焦化用煤保有资源量		
	一级	二级	合计
吴堡矿区	11.8	3.02	14.82
韩城矿区	34.37		34.37
澄合矿区	22.81		22.81
蒲白矿区	6.99		6.99
铜川矿区	18.86		18.86
总计	94.83	3.02	97.85

二、开采现状

陕西省 2015 年底煤矿总数为 218 个，总设计产能为 20675.5 万 t/a(表 5-25)，2015 年陕西省煤炭产量为 20648 万 t。其中陕北石炭纪—二叠纪煤田煤矿总数 6 个，设计产能为 681 万 t/a；渭北石炭纪—二叠纪煤田煤矿总数为 81 个，设计产能为 2335.5 万 t/a；陕北侏罗纪煤田煤矿总数为 51 个，设计产能为 9707 万 t/a；黄陇侏罗纪煤田煤矿总数为 80 个，设计产能为 7952 万 t/a。

表 5-25 各矿区煤矿开发现状统计表

区域		个数	设计产能/(万 t/a)
陕北石炭纪—二叠纪煤田	府谷矿区	6	681
渭北石炭纪—二叠纪煤田	韩城矿区	31	830.5
	澄合矿区	17	476
	蒲白矿区	20	505
	铜川矿区	13	524
	合计	81	2335.5
陕北侏罗纪煤田	神府矿区	13	7329
	榆神矿区	27	2106
	榆横矿区	11	272
	合计	51	9707
黄陇侏罗纪煤田	黄陵矿区	37	1929
	旬耀矿区	28	483
	彬长矿区	13	4740
	永陇矿区	2	800
	合计	80	7952
合计		218	20675.5

第六章

结论与建议

第一节　主要成果与结论

一、完成重点矿区煤岩、煤质分析，评价矿区特殊用煤资源潜力

通过资料分析、特殊用煤专项地质调查、矿井地质调查、采样测试和综合编图等工作，以彬长矿区、神府矿区、府谷矿区为重点切入点，系统分析彬长、神府、府谷、榆神、吴堡、永陇、旬耀、黄陵、榆横、古城十个矿区煤岩、煤质特征，并评价各矿区特殊用煤资源潜力。

黄陇侏罗纪煤田彬长矿区主要可采煤层为3、4号煤层，煤类为不黏煤，少量为弱黏煤，通过对其全水分、灰分、全硫、软化温度、流动温度等指标分析发现，彬长矿区煤炭资源不宜直接液化，整体适合常压固定床气化。依据各井田资源量统计，截至2015年底，适合常压固定床气化用煤保有资源量为77.91亿t。

陕北侏罗纪煤田神府矿区共划分为13个井田(包括1个预留区)，依据各煤层煤岩煤质指标分析，神府矿区直接液化用煤资源主要分布于郭家湾井田、孙家岔井田、柠条塔井田新民普查区、石窑店井田和青龙寺井田等地区，其他井田为适合常压固定床气化用煤。截至2015年底，直接液化用煤保有资源量62.09亿t；气化用煤资源保有资源量58.51亿t。

陕北石炭纪—二叠纪煤田府谷矿区共划分为6个井田，依据各煤层煤岩煤质指标分析，截至2015年底，府谷矿区直接液化用煤保有资源储量56.05亿t。

二、基本摸清陕西省特殊用煤资源分布及资源状况

陕西省煤炭资源丰富，煤类以长焰煤为主，弱黏煤、不黏煤和气煤次之，煤炭资源以适合气化为主，少量适合焦化和液化。

陕西省 14 个规划矿区保有资源量 794.30 亿 t，其中直接液化用煤保有资源量309.78 亿 t，主要分布在府谷矿区、神府矿区、榆横矿区、神府矿区；气化用煤保有资源量358.64亿t，主要分布在榆神矿区、神府矿区、古城矿区、榆横矿区、黄陵矿区、

旬耀矿区、彬长矿区、永陇矿区；焦化用煤保有资源量 97.85 亿 t，主要分布在吴堡矿区、韩城矿区、澄合矿区、蒲白矿区、铜川矿区。其中府谷矿区直接液化用煤性能较好，氢碳原子比介于 0.55～0.93，平均值为 0.78，属于一级液化用煤。

三、结合煤质指标体系，分析特殊用煤成煤有利因素

在煤层对比的基础上，总结彬长、神府、府谷、榆神、吴堡、永陇、旬耀、黄陵、榆横、古城矿区主要可采煤层煤岩、煤质特征，分析其形成条件、分布特征。发现其形成条件主要受沉积环境影响，直接影响煤层热演化程度、元素组成、显微组分等。陕西省成煤环境主要为三角洲相及河流相，三角洲相(府谷矿区、榆横矿区)环境中形成的煤由于覆水深、凝胶化程度高，往往具有更高的镜质组含量、氢含量，宏观煤岩类型上即暗淡型-半暗型煤明显减少，有利于形成优质直接液化用煤。

第二节　建　　议

(一)加强特殊用煤资源首选利用研究，提高煤炭利用率

从特殊用煤的赋存条件、煤岩煤质和工艺性质等方面入手，结合加工利用实际，提高评价方法体系，加强首选利用研究，尽可能在现有经济和科学技术条件下，实现对特殊用煤的最大限度利用，达到高效、洁净利用的目的。

(二)对直接液化用煤资源合理规划、开发、利用

直接液化用煤资源是煤炭资源洁净利用的保障。由于储量较少，需要加强开发利用规划，尽量减少不必要的浪费或资源闲置。

主要参考文献

曹代勇, 赵峰华. 2003. 重视我国优质煤炭资源特性的研究[J]. 中国矿业, (10): 22-24.

曹代勇, 谭节庆, 陈利敏, 等. 2013. 我国煤炭资源潜力评价与赋煤构造特征[J]. 煤炭科学技术, 41(7): 5-9.

曹代勇, 宁树正, 郭爱军, 等. 2016. 中国煤田构造格局及其基本特征[J]. 矿业科学学报, 1(1): 1-8.

曹代勇, 宁树正, 郭爱军, 等. 2018a. 中国煤田构造格局与构造控煤作用[M]. 北京: 科学出版社.

曹代勇, 魏迎春, 宁树正. 2018b. 绿色煤炭基础地质工作框架刍议[J]. 煤田地质与勘探, 46(3): 1-5.

曹代勇, 宁树正, 魏迎春, 等. 2019. 构造控煤作用研究新进展与煤炭资源清洁高效利用[J]. 中国煤炭地质, 31(1): 8-12.

曹征彦. 1998. 中国洁净煤技术[M]. 北京: 中国物资出版社.

岑可法, 池涌. 1997. 洁净煤技术的研究和进展[J]. 动力工程, (5): 16-21, 93.

陈鹏. 2007. 中国煤炭性质、分类和利用[M]. 北京: 化学工业出版社: 1-679.

陈守建, 王永, 伍跃中, 等. 2006. 西北地区煤炭资源及开发潜力[J]. 西北地质, 39(4): 40-56.

陈亚飞. 2006. 煤质评价与煤质标准化[J]. 煤质技术, (1): 12-15.

陈毓川. 2006. 矿产资源展望与西部大开发[J]. 地球科学与环境学报, 28(1): 1-4.

陈元春, 金小娟. 2009. 我国煤化工产业发展状况评述[J]. 煤炭工程, (5): 90-92.

陈子瞻, 赵汀, 刘超, 等. 2017. 煤炭制氢产业现状及我国新能源发展路径选择研究[J]. 中国矿业, 26(7): 35-40.

程爱国, 宁树正. 2015. 鄂尔多斯盆地煤炭绿色开发的资源研究[M]. 徐州: 中国矿业大学出版社.

程爱国, 彭苏萍. 2000. 西部地区煤炭资源潜力综合评价与规划研究[J]. 西安科技学院学报, 20(s1): 7-13.

程爱国, 曹代勇, 袁同兴, 等. 2016. 中国煤炭资源赋存规律与资源评价[M]. 北京: 科学出版社.

程春艳, 周凤英, 连文威. 2019. 中国煤化工产业区域竞争力评价[J]. 中国矿业, 28(7): 13-18.

戴和武, 马治邦. 1988. 适合直接液化的烟煤特性研究[J]. 煤炭学报, 13(2): 80-86.

邓基芹, 于晓荣, 武永爱. 2011. 煤化学[M]. 北京: 冶金工业出版社.

杜芳鹏, 李聪聪, 乔军伟, 等. 2018. 陕北府谷矿区煤炭资源清洁利用潜势及方式探讨[J]. 煤田地质与勘探, 46(3): 11-14.

范立民. 2005. 论保水采煤问题[J]. 煤田地质与勘探, 33(5): 50-53.

范立民. 2014. 榆神府区煤炭开采强度与地质灾害研究[J]. 中国煤炭, 40(5): 52-55.

范立民, 冀瑞君. 2015. 论榆神府矿区煤炭资源的适度开发问题[J]. 中国煤炭, 41(2): 40-44.

范立民, 马雄德, 李永红, 等. 2017. 西部高强度采煤区矿山地质灾害现状与防控技术[J]. 煤炭学报, 42(2): 276-285.

冯增昭, 陈继新, 张吉森. 1990. 鄂尔多斯地区早古生代岩相古地理[M]. 北京: 地质出版社.

高聚忠. 2013. 煤气化技术的应用与发展[J]. 洁净煤技术, 19(1): 65-71.

高新民. 2003. 对陕西省优质煤炭资源实施保护性开发的思考[J]. 陕西煤炭, (2): 7-8.

顾广明, 李小彦, 晋香兰. 2006. 鄂尔多斯盆地优质煤资源分布及有利区块[J]. 地球科学与环境学报, 28(4): 26-30.

郭水文. 2017. 神华集团煤炭清洁高效利用的实践与途径[J]. 煤炭经济研究, 37(12): 34-37.

韩德馨. 1996. 中国煤岩学[M]. 徐州: 中国矿业大学出版社.

韩克明. 2014. 神华煤显微组分加氢液化性能研究[D]. 大连: 大连理工大学.

韩雅文, 刘固望, 蒋立. 2017. 煤炭清洁利用技术进展与评价综述[J]. 中国矿业, 26(7): 81-87, 100.

何季民. 2002. 日本的新阳光计划简介[J]. 华北电力技术, (1): 52-54.

何建国, 秦云虎, 王双美, 等. 2018. 神府矿区 5^{-2} 煤层煤质特征及其气/液化性能评价[J]. 煤炭科学技术, 46(10): 228-234.

虎维岳. 2013. 深部煤炭开采地质安全保障技术现状与研究方向[J]. 煤炭科学技术, 41(8): 1-5.

黄文辉, 唐书恒, 唐修义, 等. 2010. 西北地区侏罗纪煤的煤岩学特征[J]. 煤田地质与勘探, 38(4): 1-6.

贾明生, 陈恩鉴, 赵黛青. 2003. 煤炭液化技术的开发现状与前景分析[J]. 中国能源, 25(3): 14-18.

贾志刚, 胡勇. 2019. 陕西省煤炭资源分布与潜力评价研究[J]. 陕西煤炭, 2: 38-39.

姜波, 许进鹏, 朱奎, 等. 2012. 鄂尔多斯盆地东缘构造-水文地质控气特征[J]. 高校地质学报, 18(3): 438-446.

姜波, 李明, 屈争辉, 等. 2016. 构造煤研究现状及展望[J]. 地球科学进展, 31(4): 335-346.

晋香兰, 降文萍, 李小彦, 等. 2010. 低煤阶煤的煤岩成分液化性能及实验研究[J]. 煤炭学报, 35(6): 992-997.

李聪聪. 2017. 彬长矿区 4 号煤层煤质特征及洁净等级划分[J]. 洁净煤技术, 23(1): 28-35, 47.

李贵红, 张泓. 2013. 鄂尔多斯盆地东缘煤层气成因机制[J]. 中国科学: 地球科学, 43(8): 1359-1364.

李恒堂, 田希群. 1998. 西北地区煤炭资源综合评价及开发潜力分析[J]. 煤田地质与勘探, 26(增刊): 1-4.

李思田, 程守田, 杨士恭, 等. 1992. 鄂尔多斯盆地东北部层序地层及沉积体系分析[M]. 北京: 地质出版社.

李文华, 陈亚飞, 陈文敏, 等. 2000. 中国主要矿区煤的显微组分分布特征[J]. 煤炭科学技术, 28(8): 31-34.

李小强, 刘永, 秦光书. 2015. 神华煤直接液化示范项目的进展及发展方向[J]. 煤化工, 43(4): 12-15.

李小彦, 降文萍, 武彩英. 2005a. 陕北煤田侏罗纪煤直接液化问题探讨[J]. 煤炭科学技术, 33(4): 59-63.

李小彦, 晋香兰, 李贵红. 2005b. 西部煤炭资源开发中"优质煤"概念及利用问题的思考[J]. 中国煤炭地质(原中国煤田地质), 17(3): 5-8.

李小彦, 武彩英, 晋香兰. 2005c. 鄂尔多斯盆地侏罗纪成煤模式与煤质[J]. 中国煤炭地质(原中国煤田地质), 17(5): 18-21.

李小彦, 王杰玲, 赵平. 2007. 鄂尔多斯盆地优质煤的分类与评价[J]. 煤田地质与勘探, 35(4): 1-4.

李小彦, 崔永君, 郑玉柱, 等. 2008. 陕甘宁盆地侏罗纪优质煤资源分类与评价[M]. 北京: 地质出版社.

李绪国. 2013. 我国煤炭资源安全高效绿色开发现状与思路[J]. 煤炭科学技术, 41(8): 53-57, 73.

李勇, 汤达祯, 许浩, 等. 2012. 鄂尔多斯盆地柳林地区石炭—二叠纪含煤地层流体包裹体特征及成烃演化历史[J]. 高校地质学报, 18(3): 419-426.

连文威, 张艳, 闫强, 等. 2018. 生态文明建设约束下的煤炭清洁利用[J]. 中国矿业, 27(3): 32-38.

刘兵元. 2006. 华亭煤液化性能分析[J]. 煤质技术, 4: 70-71.

刘池洋, 赵红格, 桂小军, 等. 2006. 鄂尔多斯盆地演化-改造的时空坐标及其成藏(矿)响应[J]. 地质学报, 80(5): 617-638.

刘池洋, 邱欣卫, 吴柏林, 等. 2009. 中-东亚能源矿产成矿域区划和盆地类型[J]. 新疆石油地质, 30(4): 412-418.

刘大锰, 杨起, 汤达祯. 1998. 鄂尔多斯盆地煤显微组分的 micro-FTIR 研究[J]. 地球科学, 23(1): 79-84.

刘大锰, 杨起, 汤达帧. 1999. 鄂尔多斯盆地煤的灰分和硫、磷、氯含量研究[J]. 地学前缘, (S1): 53-59.

刘大永. 2004. 中国典型含煤盆地镜质组结构特征及生烃、同位素动力学研究[D]. 广州: 中国科学院广州地球化学研究所: 1-99.

刘见中, 谢和平, 王金华, 等. 2017. 煤炭绿色开发利用的颠覆性技术发展对策研究[J]. 煤炭经济研究, 37(12): 6-10.

刘志逊, 陈河替, 黄文辉. 2005. 我国煤炭资源现状及勘查战略[J]. 煤炭技术, 24(10): 1-2.

陆小泉. 2016. 我国煤炭清洁开发利用现状及发展建议[J]. 煤炭工程, 48(3): 8-10, 14.

罗霞, 李剑, 胡国艺, 等. 2003. 鄂尔多斯盆地侏罗系煤生、排油能力实验及其形成煤成油可能性探讨[J]. 石油实验地质, 25(1): 76-80.

马蓓蓓, 鲁春霞, 张雷. 2009. 中国煤炭资源开发的潜力评价与开发战略[J]. 资源科学, 31(2): 224-230.

马艳萍, 刘池洋, 王建强, 等. 2006. 盆地后期改造中油气运散的效应—鄂尔多斯盆地东北部中生界漂白砂岩的形成[J]. 石油与天然气地质, 27(2): 233-238, 243.

毛节华, 许惠龙. 1999. 中国煤炭资源预测与评价[M]. 北京: 科学出版社.

煤炭部煤炭科学院地质勘探分院. 1987. 陕西北部侏罗纪含煤地层及聚煤特征[M]. 西安: 西北大学出版社.

缪协兴, 钱鸣高. 2009. 中国煤炭资源绿色开采研究现状与展望[J]. 采矿与安全工程学报, 26(1): 1-14.

宁树正. 2009. 首批煤炭国家规划矿区煤田地质特征综述[J]. 中国煤炭地质, 21(7): 1-3, 9.

宁树正, 邓小利, 李聪聪, 等. 2017. 中国煤中金属元素矿产资源研究现状与展望[J]. 煤炭学报, 42(9): 2214-2225.

宁树正, 黄少青, 朱士飞, 等. 2019a. 中国煤中金属元素成矿区带[J]. 科学通报, 64: 2501-2513.
宁树正, 张宁, 吴国强, 等. 2019b. 我国特殊煤种研究进展[J]. 中国煤炭地质, 31(6): 1-4.
宁洋, 闫强, 周凤英. 2017. 煤制油税费对产业发展影响分析[J]. 中国矿业, 26(7): 48-51.
潘树仁, 李正越, 魏云迅, 等. 2020. 新时代煤炭资源全生命周期地质保障技术体系[J]. 中国煤炭地质, 32(1): 1-4, 57.
彭苏萍, 张博, 王佟, 等. 2015. 煤炭可持续发展战略研究[M]. 北京: 煤炭工业出版社.
祁和刚, 辛耀旭, 张忠温. 2014. 大型煤炭矿区绿色开发的实践与思考[J]. 煤炭科学技术, 42(1): 5-8.
祁威, 舒新前, 王祖讷, 等. 2003. 神府煤制水煤浆的研究[J]. 煤炭科学技术, (7): 34-35.
钱鸣高. 2010. 煤炭的科学开采[J]. 煤炭学报, 35(4): 529-534.
钱鸣高, 许家林, 缪协兴. 2003. 煤矿绿色开采技术[J]. 中国矿业大学学报, 33(4): 5-10.
钱鸣高, 缪协兴, 许家林, 等. 2008. 论科学采矿[J]. 采矿与安全工程学报, 25(1): 1-10.
乔军伟, 宁树正, 秦云虎, 等. 2019. 特殊用煤研究进展及工作前景[J]. 煤田地质与勘探, 47(1): 49-55.
秦国红, 邓丽君, 刘亢, 等. 2016. 鄂尔多斯盆地西缘煤中稀土元素特征[J]. 煤田地质与勘探, 44(6): 8-14.
秦勇, 唐书恒, 王文峰, 等. 2005. 中国煤炭资源洁净潜力及其分布的地球化学研究//中国矿物岩石地球化学学会第十届学术年会论文集[C], 24(s1): 277.
秦云虎, 李壮福, 王双美, 等. 2009. 华东地区液化煤资源评价指标及总体构成[J]. 中国煤炭地质, 21(6): 14-16.
秦云虎, 王双美, 张静, 等. 2017. 煤炭地质勘查中煤质评价指标体系建立的现状与展望[J]. 中国煤炭地质, 29(7): 1-4.
任敏. 2011. 与新能源互补传统能源"绿色革命"渐成潮流[N]. 中国高新技术产业导报, 06-06(8).
任相坤. 2011. 烧煤可以挺干净[N]. 人民日报, 05-25(23).
桑磊, 舒歌平. 2018. 煤直接液化性能的影响因素浅析[J]. 化工进展, 37(10): 3788-3798.
陕西省185煤田地质勘探队. 1989. 陕北早中侏罗世含煤岩系沉积环境[M]. 西安: 陕西科学出版社.
陕西省煤田地质局勘察研究院, 等. 2010. 陕西省煤炭资源潜力评价报告[R]. 西安: 陕西省煤田地质局勘察研究院.
舒歌平, 杜淑凤. 2000. 中国应加快煤炭直接液化技术产业化步伐[J]. 洁净煤技术, 6(4): 21-24.
舒歌平, 李克健, 史士东, 等. 2003. 煤直接液化技术[M]. 北京: 煤炭工业出版社.
舒新前, 王祖讷. 1996. 神府煤煤岩组分的结构特征及其差异[J]. 燃料化学学报, 24(5): 426-433.
谭学玲, 闫庆武, 王瑾, 等. 2018. 榆神府矿区植被覆盖的动态变化及其影响因素[J]. 生态学杂志, 37(6): 1645-1653.
汤锡元, 郭忠铭. 1992. 陕甘宁盆地西缘逆冲断裂构造及油气勘探[M]. 西安: 西北大学出版社.
汤中立, 李小虎, 焦建刚, 等. 2005. 矿山地质环境问题及防治对策[J]. 地球科学与环境学报, 27(2): 1-4.
唐书恒, 马彩霞. 2005. 中国煤炭资源洁净潜势评价指标探讨[J]. 河北建筑科技学院学报(自然科学版), 22(3): 104-106.
唐书恒, 秦勇, 姜尧发, 等. 2006. 中国洁净煤地质研究[M]. 北京: 地质出版社.
陶冉. 2017. 绿色煤炭蓝图离我们还有多远?——《煤炭工业发展"十三五"规划》解读[N]. 中国矿业报, 04-07(003).
汪吉林, 李仁东, 姜波. 2008. 构造应力场对煤与瓦斯突出的控制作用[J]. 煤炭科学技术, 36(4): 47-50.
汪寿建. 2016. 现代煤气化技术发展趋势及应用综述[J]. 化工进展, (3): 653-664.
王恩泽, 夏皖东, 范肖南. 2015. 浅谈煤炭液化技术研究现状及发展前景[J]. 煤质技术, (6): 5-8.
王辅臣, 代正华. 2015. 煤气化——煤炭高效清洁利用的核心技术[J]. 化学世界, 56(1): 51-55.
王桂梁, 琚宜文, 郑孟林, 等. 2007. 中国北部能源盆地构造[M]. 徐州: 中国矿业大学出版社.
王绍清, 唐跃刚, 李正越, 等. 2016. 特殊原生成因煤的特性和分布研究[J]. 洁净煤技术, 22(1): 20-25.
王生维. 1986. 液化煤的煤岩学研究进展及液化煤资源的评价和预测[J]. 地质科技情报, 5(3): 140-148.
王双明. 2011. 鄂尔多斯盆地构造演化和构造控煤作用[J]. 地质通报, 30(4): 544-552.
王双明. 2017. 鄂尔多斯盆地叠合演化及构造对成煤作用的控制[J]. 地学前缘, 24(2): 54-63.
王双明, 张玉平. 1999. 鄂尔多斯侏罗纪盆地形成演化和聚煤规律[J]. 地学前缘, 6(S1): 147-154.
王双明, 范立民, 杨宏科. 2003. 陕北煤炭资源可持续发展之开发思路[J]. 中国煤炭地质(原中国煤田地质), 15(5): 6-8, 11.
王双明, 段中会, 马丽, 等. 2019. 西部煤炭绿色开发地质保障技术研究现状与发展趋势[J]. 煤炭科学技术, 47(2): 1-6.
王素珍, 高兴宏. 2009. 陕西煤炭与煤化工行业节能减排对策探讨[J]. 中国煤炭, 35(1): 93-96, 108.
王佟, 张博, 王庆伟, 等. 2017. 中国绿色煤炭资源概念和内涵及评价[J]. 煤田地质与勘探, 45(1): 1-8.

王显政. 2014. 煤炭主体能源地位突出以煤为基、多元发展是我国能源安全战略的必然选择[J]. 中国煤炭工业, (4): 24-25.
王祥生, 王猛, 刘敬春. 2019. 煤炭国家规划矿区管理及与煤炭矿区辨析[J]. 煤田地质与勘探, 47(4): 219-222.
王永刚, 王彩红, 杨正伟, 等. 2009. 典型中国煤直接液化油组成特征研究[J]. 中国矿业大学学报, 38(1): 96-100.
韦忙忙. 2016. 陕西省煤炭资源赋存规律及其信息管理系统研究[D]. 西安: 西安科技大学.
魏迎春, 曹代勇, 王婷京, 等. 2014. 煤炭资源优质等级评价方法研究[J]. 煤炭工程, 46(1): 125-128.
魏云迅. 2017. 神府矿区郭家湾勘查区煤质特征及液化性能[J]. 煤质技术, (3): 9-12.
魏云迅, 吴军虎, 杜芳鹏, 等. 2018. 鄂尔多斯盆地府谷矿区直接液化用煤潜力分析[J]. 中国煤炭, 44(3): 46-52.
魏云迅, 李聪聪, 乔军伟, 等. 2019. 神府矿区洁净煤划分及绿色开发建议[J]. 中国煤炭, 45(11): 79-83.
吴传荣, 张慧, 李远虑, 等. 1995. 西北早中侏罗世煤岩煤质与煤变质研究[M]. 北京: 煤炭工业出版社.
吴春来. 2003. 煤炭间接液化技术及其在中国的产业化前景[J]. 煤炭转化, 126(2): 17-24.
吴春来. 2005. 煤炭液化在中国的发展前景[J]. 地学前缘, 12(3): 309-313.
吴春来, 舒歌平. 1996. 中国煤的直接液化研究[J]. 煤炭科学技术, 24(4): 12-16, 43.
吴秀章, 舒歌平, 李克健, 等. 2015. 煤炭直接液化工艺与工程[M]. 北京: 科学出版社.
谢崇禹. 2007. 煤液化用煤种的选择研究[J]. 当代化工, 36(1): 65-66.
谢克昌. 2015. 中国煤炭清洁高效可持续开发利用战略研究[J]. 中国工程科学, 17(9): 1-5.
谢涛, 张光超, 乔军伟. 2012. 陕北及黄陇侏罗纪煤田煤中硫分、灰分成因探讨[J]. 中国煤炭地质, 24(6): 11-14, 29.
徐瑞芳, 张亚秦, 刘弓, 等. 2016. 煤制芳烃技术进展及发展建议[J]. 洁净煤技术, 22(5): 48-52.
徐通. 2017. 碳约束下煤炭绿色开发与清洁利用协同创新研究[J]. 煤炭经济研究, 37(6): 34-40.
徐振刚. 2015. 我国现代煤化工跨越发展二十年[J]. 洁净煤技术, 21(1): 1-5.
杨华, 刘新社, 闫小雄, 等. 2015. 鄂尔多斯盆地神木气田的发现与天然气成藏地质特征[J]. 天然气工业, 35(6): 313-318.
杨俊杰. 1990. 鄂尔多斯西缘掩冲构造带与油气[M]. 兰州: 甘肃科技出版社.
杨起. 1987. 煤地质学进展[M]. 北京: 科学出版社.
杨起, 韩德馨. 1979. 中国煤田地质学: 上册[M]. 北京: 煤炭工业出版社.
杨淑婷, 唐跃刚, 解锡超, 等. 2011. 煤炭资源洁净等级评价研究[J]. 洁净煤技术, 17(1): 5-8, 11.
姚素平. 1996. 煤成油有机岩石学研究进展[J]. 地球科学进展, 11(5): 439-445.
袁亮, 张通, 赵毅鑫, 等. 2017. 煤与共伴生资源精准协调开采—以鄂尔多斯盆地煤与伴生特种稀有金属精准协调开采为例[J]. 中国矿业大学学报, 46(3): 449-459.
袁亮, 张农, 阚甲广, 等. 2018. 我国绿色煤炭资源量概念、模型及预测[J]. 中国矿业大学学报, 47(1): 1-8.
袁三畏. 1999. 中国煤质论评[M]. 北京: 煤炭工业出版社.
袁同星. 2008. 煤炭资源潜力预测方法研究[J]. 中国煤炭地质, 20(s1): 119-121.
曾勇. 2001. 中国西部地区特殊煤种及其综合开发与利用[J]. 煤炭学报, (4): 337-340.
张泓, 白清昭, 张笑薇, 等. 1995. 鄂尔多斯聚煤盆地形成与演化[M]. 西安: 陕西科学技术出版社.
张泓, 何宗莲, 晋香兰, 等. 2005. 鄂尔多斯盆地构造演化与成煤作用[M]. 北京: 地质出版社.
张家强, 毕彩芹, 李锋, 等. 2018. 新能源矿产调查工程进展[J]. 中国地质调查, 5(4): 1-16.
张健, 张斌成, 王国柱. 2009. 陕北能源化工基地煤炭生产可持续发展的地质与环境地质问题研究[J]. 中国煤炭地质, 21(9): 64-69.
张抗. 1989. 鄂尔多斯盆地断块构造和资源[M]. 西安: 陕西科学出版社.
张松航. 2008. 鄂尔多斯盆地东缘煤层气储层物性研究[D]. 北京: 中国地质大学(北京).
张天舒, 吴因业, 郭彬程, 等. 2012. 鄂尔多斯盆地西南缘晚三叠世前陆冲断活动控制的沉积层序特征[J]. 地学前缘, 19(1): 40-50.
张艳, 刘成龙, 高天明, 等. 2017. 我国气化用煤煤质评价指标体系构建研究[J]. 中国矿业, 26(7): 41-47.
张洋洋, 段艳慧, 刘欣, 等. 2016. 煤制天然气技术现状及项目进展[J]. 化肥工业, 43(5): 41-43.
张玉卓. 2006. 中国神华煤直接液化技术新进展[J]. 中国科技产业, (2): 32-35.
张玉卓. 2011. 神华现代煤制油化工工程建设与运营实践[J]. 煤炭学报, 36(2): 179-184.

赵澄林, 朱筱敏. 2001. 沉积岩石学: 第三版[M]. 北京: 石油工业出版社.
赵世煌, 宋焕霞, 赵桂军, 等. 2015. 煤炭勘查实物地质资料的二次开发—以陕西府谷海则庙与段寨矿区高岭土矿勘查为例[J]. 中国煤炭地质, 27(7): 74-76.
赵仕华, 宋宜诺, 郑衡. 2009. 神华煤液化蒸馏残渣加氢液化动力学研究[J]. 化工文摘, (3): 26-28.
赵振华. 2001. 微量元素地球化学原理: 第二版[M]. 北京: 科学出版社.
赵重远. 1990. 鄂尔多斯盆地的演化历史、形成机制和含油气有利区[C]//赵重远, 刘池洋. 华北克拉通沉积盆地形成与演化及其油气赋存. 西安: 西北大学出版社.
中国煤田地质总局. 1996. 鄂尔多斯盆地聚煤规律及煤炭资源评价[M]. 北京: 煤炭工业出版社.
中国煤田地质总局. 1998. 中国含煤盆地演化和聚煤规律[M]. 北京: 煤炭工业出版社.
中国煤田地质总局. 2001. 中国聚煤作用系统分析[M]. 徐州: 中国矿业大学出版社.
中华人民共和国国土资源部, 国家发展和改革委员会, 工业和信息化部, 等. 全国矿产资源规划(2016—2020 年)[EB/OL]. (2016-11-15)[2019-12-20]. http://g.mnr.gov.cn/201701/t20170123_1430456.html.
中华人民共和国自然资源部. 2019. 中国矿产资源报告(2019)[M]. 北京: 地质出版社.
中华人民共和国自然资源部油气资源战略研究中心. 中国能源矿产发展报告 2019[R]. 北京, 2019.
钟宁宁, 陈恭洋. 2009. 中国主要煤系倾气倾油性主控因素[J]. 石油勘探与开发, 36(3): 331-338.
周俊虎, 方磊, 程军, 等. 2005. 神华煤液化残渣的热解特性研究[J]. 煤炭学报, 30(3): 349-352.
朱继升, 杨建丽, 刘振宇, 等. 2000. 工业硫酸亚铁用做先锋、神木、依兰煤直接液化催化剂的研究[J]. 燃料化学学报, 28(6): 496-502.
朱晓苏, 金嘉路. 1998. 我国煤炭直接液化技术及其工业应用前景[J]. 煤炭转化, (2): 17-19.
朱晓苏. 1997. 中国煤炭直接液化优选煤种的研究[J]. 煤化工, 25(3): 32-39.
庄军. 1996. 鄂尔多斯盆地南部早中侏罗世聚煤特征与煤的综合利用[M]. 北京: 地质出版社.
"能源领域咨询研究"综合组. 2015. 中国煤炭清洁高效可持续开发利用战略研究[J]. 中国工程科学, 17(9): 1-5.
Chang S Y, Zhuo J K, Meng S, et al. 2016. Clean coal technologies in China: current status and future perspectives[J]. Engineering, 2: 447-459.
Feng J, Li J, Li W Y. 2013. Influences of chemical structure and physical properties of coal macerals on coal liquefaction by quantum chemistry calculation[J]. Fuel Processing Technology, 109: 19-26.
Frodsham K, Gayer R A. 1999. The impact of tectonic deformation upon coal seams in the South Wales coalfield, UK[J]. International Journal of Coal Geology, 38: 297-332.
Guo B F, Zhou W, Liu S, et al. 2015. Effect of γ-ray irradiation on the electrochemical liquefaction of Shenhua coal[J]. Fuel, 143: 236-243.
Jiang B, Qu Z H, Geoff G, et al. 2010. Effects of structural deformation on formation of coalbed methane reservoirs in Huaibei coalfield, China[J]. International Journal of Coal Geology, 82: 175-183.
Juan B, Edwin C S, Jorge P. 2016. Effect of temperature, solvent/coal ratio and beneficiation on conversion and product distribution from direct coal liquefaction[J]. Fuel, 172: 153-159.
Li W H, Huo W D, Shu G P, et al. 2001. Hydroliquefaction characteristics of Majiata coal and its macerals components[J]. Journal of Fuel Chemistry and Technology, 29(2): 104-107.
Li Z S, Ward C R, Gurba L W. 2010. Occurrence of non-mineral inorganic elements in macerals of low-rank coals[J]. International Journal of Coal Geology, 81: 242-250.
Shu G P, Zhang Y Z. 2014. Research on the maceral characteristics of Shenhua coal and efficient and directional direct coal liquefaction technology[J]. International Journal of Coal Science and Technology, 1(1): 46-55.
Stach E, Mackowsky M, Teichmuller M, et al. 1982. Stach's Textbook of Coal Petrology[M]. Stuttgart: Borntraeger.